西安交通大学
XI'AN JIAOTONG UNIVERSITY

研究生"十四五"规划精品系列教材

量子力学基本原理

张 盈 编著

U0163480

西安交通大学出版社
XI'AN JIAOTONG UNIVERSITY PRESS

内容提要

本书主要介绍量子力学的基本原理和基本应用，强调基于基本假设的量子力学逻辑体系，侧重展现基本原理在典型问题中的运用，同时也从现代物理学的视角展示基本对称性对量子力学体系的影响。本书内容包括薛定谔方程初步、基本原理、库仑势中的氢原子、角动量、微扰论与氢原子精细结构、量子跃迁、弹性散射等。

本书适用于物理专业高年级本科生和非物理专业的相关研究生，同时也供其他物理方面读者参考。

图书在版编目（CIP）数据

量子力学基本原理 / 张盈编著. —西安：西安交通大学出版社，2023.6（2024.8 重印）
ISBN 978-7-5693-3136-3

Ⅰ. ①量… Ⅱ. ①张… Ⅲ. ①量子力学—高等学校—教材 Ⅳ. ①O413.1

中国国家版本馆 CIP 数据核字 (2023) 第 045786 号

书　　名	量子力学基本原理	
	LIANGZI LIXUE JIBEN YUANLI	
编　　著	张　盈	
责任编辑	田　华	
责任校对	魏　萍	
装帧设计	伍　胜	

出版发行　西安交通大学出版社
　　　　　（西安市兴庆南路 1 号 邮政编码 710048）
网　　址　http://www.xjtupress.com
电　　话　(029)82668357 82667874（市场营销申心）
　　　　　(029)82668315（总编办）
传　　真　(029)82668280
印　　刷　西安五星印刷有限公司

开　　本　787mm×1092mm 1/16　印张　9.625　字数　239 千字
版次印次　2023 年 6 月第 1 版　2024 年 8 月第 2 次印刷
书　　号　ISBN 978-7-5693-3136-3
定　　价　28.00 元

如发现印装质量问题，请与本社市场营销中心联系。
订购热线：(029)82665248　(029)82667874
投稿热线：(029)82664954
读者信箱：190293088@qq.com

前　言

发端于 19 世纪末的量子力学，成功解决了经典物理在解释微观现象时遇到的困难，诠释了微观粒子运动的波粒二象性本质，建立了原子层次物质运动的基本理论，成为了近代物理学的基本理论支柱之一。随着研究尺度深入到亚原子层次，基本物质结构和相互作用性质展现出了优美的对称性。对称性这一古老的描述方式在现代物理中焕发出新的生机，成为认知物质基本运动规律的有力工具。借助现代物理的视角，量子力学的基本原理能够被重新审视并总结成一套建立在基本假设之上的逻辑体系。正是对这套简洁的逻辑体系展示的渴望促成了本书最初的写作，在本书中我们将清晰地看到物理学基本对称性在量子力学理论框架中所起的基础性作用。

本书第 1 章从 Schrödinger（薛定谔）方程开始，通过典型势场中方程的求解，展现了量子理论的一些初步特征。第 2 章采用了公理化的理论体系，介绍量子力学的基本原理，建立对微观运动方式和规律的基本描述方法。公理化体系的建立也有助于区别微观运动中的普遍性规律和具体模型中的特性。结合物理学中基本的时空对称性，我们解释了历史发展中引入的诸多假设如何嵌入到公理化的体系之中。在第 3、4、5 章中，我们将量子力学的基本原理应用到氢原子，结合微扰论等近似计算方法，讨论了氢原子的精细结构。量子跃迁和弹性散射也在第6、第 7 两章中进行了讨论，进一步展现了量子力学基本原理在这些量子过程的描述和计算中的应用。

量子力学的计算离不开数学，在模型选择和示例分析中我们尽量选取能突出微观运动本质的简单例子，避免复杂的计算，以求清晰地展示量子力学基本的原理和方法，便于读者把握量子力学主线思路和基本方法。

本书在写作过程中参考了多套国内外优秀的教材和课程讲义，保留了课程中广泛讨论的经典内容，适当选择了容易引起迷惑甚至误解的问题进行分析，同时也注重吸纳在现代物理中有直接应用的实例，以求能清晰展示基本的原理。

本书的写作得到了西安交通大学的大力支持，前沿理论物理研究所诸位同事在书稿写作和体系组织方面提出了宝贵意见，特别是课程教研组李荣副教授、刘红亮副教授给予了专业建议和精神勉励。没有大家的支持和鼓励，难以想象本书能在今天呈现给读者。

囿于作者知识水平，疏漏甚至谬误之处在所难免，敬请读者批评指正，以待日后完善。

张 盈

于西安交大仲英楼

2022 年 10 月

目 录

1

Schrödinger 方程初步

19 世纪末至 20 世纪 20 年代，人们通过对天然放射性、原子光谱等现象的研究，建立了量子力学 Schrödinger（薛定谔）方程。根据波函数的统计诠释，Schrödinger 方程成功解释了原子光谱实验，开启了探索微观结构、理解微观世界运动规律的新篇章。

1.1 初识 Schrödinger 方程

1.1.1 Schrödinger 方程的建立

人们对微观世界基本运动规律的探索发端于 19 世纪末的天然放射性研究。这一时期的历史通常称为旧量子论，它从实验和理论多个方面尝试应对未知和疑惑带来的挑战，最终导致了 Schrödinger 方程的提出。今天我们回顾这段历史，以核结构探索为主线，打碎历史发展的时间关系，从逻辑的角度重新编排量子力学的建立过程。

1896 年 Becquerel（贝可勒尔）从含铀岩石样本的感光事件中首次发现了天然放射性现象，打开了探寻物质核结构的实验大门。一方面，天然放射性现象有着不同于当时物理学认知的新性质。放射性规律不受外力、温度、电磁场等物理条件、环境的影响，反映出天然放射性现象有着不同于当时已知的力学、电磁学的运动规律，代表了超出当时认知的新的物理现象。另一方面，放射性现象总伴随着原子核发生变化。α 衰变中，核子分裂出一个氦核；β 衰变中，原子序数增加 1。这表明天然放射性的发生与原子内部的性质变换有着密切的关系。

在天然放射性的启发下，利用这些射线研究原子内部的物理结构和规律成为当时物理学探索的热潮。α 粒子散射实验正是在这样的背景下进行的。当时，Thompson（汤姆森）提出了一个原子结构模型：有相同数目的正电荷和负电荷均匀分布在球内。1909 年 Rutherford（卢瑟福）用 α 粒子束轰击金箔制成的靶，观测散射后 α 粒子在不同方向的角分布。实验发现大多数粒子沿着原来的方向射出，几乎没有受到靶的作用；少量 α 粒子发生了显著的偏转，甚至有的粒子被反弹回来。由此，Rutherford 估算出了原子的直径约为 10^{-10} m，原子核的直径约为原子直径的万分之一。这一结构否定了汤姆森提出的模型，建立了原子的有核模型。

Rutherford 原子模型解释了原子内部正负电荷的分布问题，但也引发了另一个问题：正负电荷是如何束缚在一起形成原子的。如果正负电荷之间是通过库仑力作用的，那么带负电荷的电子绕核进行经典的圆周运动，将会不断向外辐射能量，最终导致运动半径收缩，原子体系塌缩。理解原子体系保持稳定的原因，成为需要继续探索的又一个问题。

1913 年 Bohr（玻尔）提出了一个大胆的假设：电子在特定轨道运动而不辐射能量。这个假设后来被 Sommerfeld（索末菲）推广并完善，成为旧量子论的 Bohr-Sommerfeld 量子化条件

$$\oint p dq = nh$$

式中：p 是电子运动的动量；q 是运动路径长度；h 是一个常数；自然数 n 是运动轨道量子化对应的量子数。Bohr-Sommerfeld 量子化条件表明在一个稳定的闭合路径中电子绕核运动的动量与运动路径的乘积是 h 的整数倍。以电子绕核做圆周运动为例，假设运动半径为 r，运动一周的路径长度为 $2\pi r$。根据量子化条件，可知

$$2\pi r p = nh \tag{1.1}$$

再利用电子受库仑力做圆周运动的公式

$$F = \frac{e^2}{r^2} = \frac{mv^2}{r} = \frac{p^2}{mr}$$

可以得到能量满足量子化公式

$$E_n = \frac{p_n^2}{2m} = \frac{me^4}{2n^2\hbar^2}$$

式中: $\hbar = h/2\pi$。

　　将上面的推导用于氢原子，能够得出核外电子做圆周运动的定态能量或者进一步得到定态轨道的位置。此时，另一个问题被提了出来: 定态假设背后的物理机制是什么？回顾经典物理，能够发现经典运动中也存在能量传播且不耗散的体系——驻波。以弦振荡为例，当两个固定端点间的距离是半波长的整数倍时，机械波从一个端点出发，传递到另一个端点，经反射会回到出发点，经历的总路径恰恰是波长的整数倍。用这个思路来重新审视 Bohr-Sommerfeld 量子化条件，将动量 p 用 de Broglie（德布罗意）物质波公式写成 $p = \frac{h}{\lambda}$ 代入条件 (1.1) 得（假设在闭合轨道上 λ 为常数）

$$\oint \mathrm{d}q = n\lambda$$

上式表明定态轨道一周的长度为波长的整数倍。这正是驻波形成的条件! 不同量子数 n 对应的定态能够用图1.1 形象地表示。

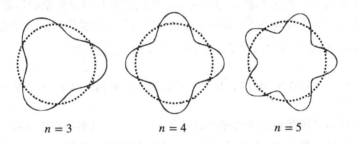

$n = 3$　　　　$n = 4$　　　　$n = 5$

图 1.1　定态轨道与波长的关系

　　Bohr-Sommerfeld 量子化条件能够判定给定的轨道是否满足定态条件，但却不能够完全确定轨道位置。由于对核外电子如何运动缺乏信息，实际上我们不能预先确定电子是否绕核做圆周运动，运动轨道的性质也不能由这个量子化条件给出。因此，Bohr-Sommerfeld 量子化条件只能作为定态的判断条件。在旧量子之后，Schrödinger 方程被提了出来，量子力学的序幕徐徐展开。

习题 1.1

　　假设电子以经典方式绕原子核进行圆周运动，试估算原子塌缩的时间尺度。

1.1.2　Schrödinger 方程性质

　　在经典力学中，势场 $V(\boldsymbol{r})$ 中运动的物体遵循运动方程

$$m\frac{\mathrm{d}^2\boldsymbol{r}}{\mathrm{d}t^2} = -\nabla V(\boldsymbol{r})$$

式中: 势场 $V(r)$ 是物体所受的各种作用的总的效果, 是运动对象所处的环境, 也是方程的输入量; 位置 r 是通过运动方程得到的描述粒子运动的解, 是经运动方程计算后的输出量. 当给定初始位置 $r(x_0, t_0)$ 和初始速度 $\dot{r}(x_0, t_0) = p_0/m$ 后, 物体在任何时刻的运动位置 $r(t)$ 都可以确定. 同样的描述方法在电动力学中也存在. 给定描述物理环境的输入量: 空间电荷分布 $\rho(x, t)$ 和电流分布 $j(x, t)$, 通过计算 Maxwell（麦克斯韦）方程, 可以计算输出电场强度 $E(x, t)$ 和磁场强度 $B(x, t)$. 结合适当的初始化条件, 可以确定任何时刻电磁场的空间分布情况.

这个思路也同样适用于描述微观粒子运动的量子力学. 处在势场 $V(x, t)$ 中的微观粒子的运动遵循一个二阶偏微分方程, 即 Schrödinger 方程

$$i\hbar \frac{\partial}{\partial t} \psi(x, t) = -\frac{\hbar^2}{2m} \frac{\partial^2}{\partial x^2} \psi(x, t) + V(x, t)\psi(x, t)$$

式中: 势场 $V(x, t)$ 是方程的输入量; $\psi(x, t)$ 是方程的解.

但与经典的运动方程不同, Schrödinger 方程中出现了一些经典物理方程所没有的新的特征.

首先, 虚数单位 i 首次出现在物理方程中. 在经典物理中, 运动方程建立了各种物理量及其变化之间的数量关系. 因为物理量均为实数, 所以作为其数量关系的运动方程均为实数关系, 未出现过虚数. 而出现在 Schrödinger 方程中的虚数 i 究竟传达出怎样的物理信息呢?

其次, Schrödinger 方程中包含了一个新的常数 $\hbar$, 它的值为

$$\hbar = 1.05457266(63) \times 10^{-34} \text{J} \cdot \text{s} = 6.582119514(40) \times 10^{-16} \text{eV} \cdot \text{s}$$

这个非常小的常数不能用其它基本物理量的组合来表示, 是基本的物理常数. 在经典力学和电动力学中不曾见过这个量, 这表明 Schrödinger 方程应用的范围超出了已知的经典物理, 进入了一个新的领域. 这个新领域有什么特征呢? 我们尝试从 $\hbar$ 中寻找答案. 这个量的单位是 J·s, 一定与其所适用研究对象的能量、时间有关. 无论在经典力学还是量子力学中, 时间作为一个参量可以任意标度零点, 绝对的时间在量子力学中不存在, 因此 Schrödinger 方程的适用对象不能从时间 t 很小的角度进行刻画, 而应该与一个持续一定时间的过程相联系. 这个过程持续的时间短且能量小, 两者的乘积与 $\hbar$ 的量级相对应, 因此我们可以猜测出 Schrödinger 方程适用于持续时间非常短、能量变化非常小的微观粒子运动过程.

再次, 作为方程输出量的 $\psi(x, t)$ 并不具有唯一性. 因为如果 ψ 满足 Schrödinger 方程, 则任意复数 c 乘以 ψ 也满足 Schrödinger 方程

$$i\hbar \frac{\partial}{\partial t}(c\psi) = -\frac{\hbar^2}{2m} \frac{\partial^2}{\partial^2 x}(c\psi) + V(x)(c\psi)$$

而在经典物理中的 r、电场强度 E 和磁场强度 B 都是给定体系的唯一解, 不具有这种数乘的任意性. 我们很难理解一个物理量经过任意数乘后仍然表达同样的物理内容这一情况. 更令人不解的一点在于, 二阶线性偏微分方程存在多个独立的解, 假设 ψ_1 和 ψ_2 均为满足方程的解, 实际的物理情况是选择前者还是后者呢? 我们不知道. 而且我们还发现, 如果把两个解叠加起

来组合成一个新的函数 $\psi = \psi_1 + \psi_2$，ψ 居然也满足 Schrödinger 方程

$$
\begin{aligned}
\mathrm{i}\hbar\frac{\partial}{\partial t}\psi &= \mathrm{i}\hbar\frac{\partial}{\partial t}\psi_1 + \mathrm{i}\hbar\frac{\partial}{\partial t}\psi_2 \\
&= \left[-\frac{\hbar^2}{2m}\frac{\partial^2}{\partial x^2}\psi_1 + V\psi_1\right] + \left[-\frac{\hbar^2}{2m}\frac{\partial^2}{\partial x^2}\psi_2 + V\psi_2\right] \\
&= -\frac{\hbar^2}{2m}\frac{\partial^2}{\partial x^2}(\psi_1 + \psi_2) + V(\psi_1 + \psi_2) \\
&= -\frac{\hbar^2}{2m}\frac{\partial^2}{\partial x^2}\psi + V\psi
\end{aligned}
\tag{1.2}
$$

由于经典物理中没有满足这种叠加性的解，我们不禁会问: 方程的解 ψ 究竟是什么?

　　Schrödinger 方程在形式上存在很多不同于经典物理运动方程的地方，作为其解的波函数也存在很多难以让人理解的地方。面对这个方程，有两条路可选: 要么接受 Schrödinger 方程，去理解波函数的物理含义; 要么放弃它，寻找另一个微观运动领域的运动关系。历史选择了前者，这一方面是由于实验的验证，另一方面是因为在 Schrödinger 方程提出的背后存在着一定的物理逻辑。

> **习题 1.2**
>
> 　　查阅资料，调研氢原子某个跃迁过程的典型时长 Δt 和对应的跃迁能级差 ΔE，计算乘积 $\Delta E \Delta t$，并和 $\hbar$ 的量级做比较。

1.1.3　波粒二象性与 Schrödinger 方程

　　沿着波粒二象性（wave-particle duality）的主线能够找到历史上 Schrödinger 方程提出背后的物理动机。

　　尽管历史上对光的本性的争论早已存在，但在电动力学建立后，光更多地被视为一种电磁波。然而 20 世纪初对黑体辐射、光电效应等现象的研究彻底改变了人们对光的本性的认识。

　　普朗克在研究黑体辐射现象时发现: 如果假设光的能量为 $E = h\nu$，则能更好地理解辐射现象。Einstein（爱因斯坦）在解释光电效应时也假设光的能量是一份份地传播，每份的能量为 $E = h\nu$。对这两个独立实验的解释共同指向了光的量子化能量，确认了光的粒子性。于是，人们认识到光可以用电磁场的波动来描述，同时也能够用量子化的能量、动量从粒子性的角度描述。因此，光波具有波粒二象性的本性。

　　de Broglie 将波粒二象性从光推广到实物粒子，提出微观粒子和光波一样均具有波粒二象性属性，其动量和波长之间满足关系

$$
p = \frac{h}{\lambda}
$$

按照传统的思路，实物粒子通常用确定的位置、动量、能量等描述。受物质波的启发，如果实物粒子也具有波动性，是否也可以用波来描述呢?

　　考虑最简单的自由电子，假设它可以用波来描述。由于自由电子的动量守恒，它应该对应

平面波,定义

$$\xi(x,t) = Ae^{i(kx-\omega t)} \tag{1.3}$$

式中: k 为波矢; ω 为频率。如何寻找 ξ 满足的运动关系呢? 还得从物理量 k、ω 入手。人们发现,如果对 ξ 做时间、空间微分,可以得到 k 和 ω

$$i\frac{\partial}{\partial t}\xi(x,t) = \omega\xi(x,t) \tag{1.4}$$

$$-i\frac{\partial}{\partial x}\xi(x,t) = k\xi(x,t) \tag{1.5}$$

k 和 ω 是表征电子运动波动性的量,可以通过 $E = \hbar\omega$、$p = \hbar k$ 转换成用粒子性的量 E、p 来描述,即

$$i\hbar\frac{\partial}{\partial t}\xi(x,t) = E\xi(x,t) \tag{1.6}$$

$$-i\hbar\frac{\partial}{\partial x}\xi(x,t) = p\xi(x,t) \tag{1.7}$$

我们知道,描述经典粒子的能量与动量之间存在关系式 $E = \frac{p^2}{2m}$。可以大胆猜测,描述自由电子的 $\xi(x,t)$ 满足类似的关系

$$i\hbar\frac{\partial}{\partial t}\xi(x,t) = \frac{(-i\hbar)^2}{2m}\frac{\partial^2}{\partial x^2}\xi(x,t) \tag{1.8}$$

这正是自由粒子的 Schrödinger 方程。

对于处在势场 V 中的电子,可以将上述思路推广,将能量表示为动能 T 与势能 V 的和

$$E = T + V = \frac{p^2}{2m} + V$$

得到势场中的 Schrödinger 方程:

$$i\hbar\frac{\partial}{\partial t}\xi(x,t) = \left(-\frac{\hbar^2}{2m}\frac{\partial^2}{\partial x^2} + V\right)\xi(x,t) \tag{1.9}$$

正是基于微观粒子波粒二象性这样的逻辑,我们才坚信 Schrödinger 方程能够描述微观粒子的运动,于是沿着第一条道路去寻找作为其解的波函数到底应该怎样解释。从这里也能够看出"波函数"这一历史名称的来由。需要说明的是,这个思路并不是逻辑推导过程,仅仅是猜想。

习题 1.3

按照本节的思路,用相对论质能关系代替经典的能量守恒关系,试写出相对论量子力学方程,即 Klein-Gordon (克莱因-戈登) 方程。

1.2　波函数统计解释

波函数是 Schrödinger 方程的解，它在复空间具有的线性叠加性表明波函数并不是物理可观测量。然而，基于对 Schrödinger 方程背后实物粒子的波动性的认同，我们必须找到波函数 ψ 与物理观测之间的联系。那么它究竟有怎样的物理对应呢？

从物理观测的角度，任何测量结果都是一个实数。虽然，波函数的模 $|\psi|$ 是实数，但将 $|\psi|$ 作为观测量，没有与之符合的观测结果。历史上，成功解决这个问题的是 Born(玻恩)。Born 假设波函数的模方 $|\psi(x,t)|^2$ 代表粒子 t 时刻在空间 x 处出现的概率密度 $\rho(x,t)$，即

$$\rho(x,t) \propto |\psi(x,t)|^2 = \psi^*(x,t)\psi(x,t) \tag{1.10}$$

或者用积分形式，可将在位置区间 $x \in [a,b]$ 的概率 $P(a<x<b,t)$ 表达为

$$P(x \in [a,b],t) \propto \int_a^b \mathrm{d}x |\psi(x,t)|^2 = \int_a^b \mathrm{d}x \psi^*(x,t)\psi(x,t) \tag{1.11}$$

此即量子力学的统计解释。假设波函数的模方具有如图1.2 所示的分布，我们可知，A 点处粒子具有最大的分布可能性，而 B 点处分布的概率密度为零。需要注意，由于波函数在 B 点附近仍有非零的模方值，在 B 点附近的邻域内，粒子仍有可能分布。统计解释在历史上得到了实验的成功检验，标志着量子力学基本框架的建立。

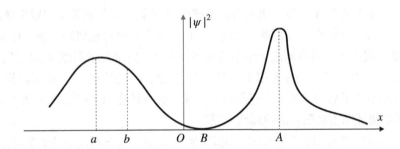

图 1.2　波函数的统计解释

利用统计解释可以理解氢原子核外电子的分布，它与 Bohr 模型中定态轨道的概念有着紧密的联系。我们来做一个思维实验：假设有一个能对核外电子进行拍照的装置，每曝光一次可以在照片上得到电子位置的一个黑点；反复对电子进行曝光操作，可在底片上得到多个黑点。我们发现每次曝光得到的黑点似乎没有任何规律，但如果把多次曝光后的照片叠加起来，这些黑点却呈现出神奇的分布规律：具有球对称的疏密分布。曝光点分布密集的地方表明电子出现的可能性大些；反之，曝光点分布稀疏的地方表明电子出现的可能性小些。这就是通常所说的电子云分布，如图1.3 所示。根据统计解释，电子云密度较大的地方，$|\psi|^2$ 的值较大；电子云密度较小的地方，$|\psi|^2$ 则较小。Bohr 模型中的定态轨道出现的位置，正好对应了电子云密度极大值出现的地方。因此，可以说 Bohr 模型是电子云图像在统计分布上的极端情况。

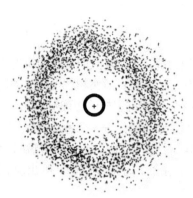

图 1.3　电子云

1.2.1　观测与态的塌缩

以质点动力学和电动力学为代表的经典物理是以可观测的物理量的变化构建运动方程，方程中变换的量就是有着可以观测效应的物理量。量子力学 Schrödinger 方程中随势场发生改变的量是波函数，它自身并不是观测量，这造成了一个在经典物理中未曾遇到的新问题：实验观测对描述物理状态的波函数是否存在影响。

让我们稍微细致地分析一下这个问题。假设波函数 $\psi(x,t)$ 是满足 Schrödinger 方程的解，$\psi(x,t)$ 代表物理体系所处的一个状态。$\psi(x,t)$ 模方的分布代表了在 t 时刻在空间找到粒子的概率，即粒子有可能出现在 A 位置，也有可能出现在 B 位置，只是在不同位置出现的可能性正比于 $|\psi|^2$。此时用实验装置对其观测，寻找一下粒子到底会出现在何处。假设在 t_0 时刻得到了一个在 A 处的曝光点。当得到这个结果的瞬间，因果性要求粒子不能运动到其它任何地方，只能在 A 点处，否则粒子将会在无限小的时间内运动到有限远的地方，破坏因果性。如果此时此刻我们对刚刚测量后的体系再次进行曝光，粒子必须还在 A 位置。遵循统计解释，应该用怎样的波函数描述刚刚观测过的物理状态呢？

由于观测后的瞬时 t_{0+} 粒子以 100% 的概率处于 A 处，与此对应的波函数必定是 δ 函数，即

$$\psi(x,t_{0+}) = \delta(x-A)$$

由此，我们发现观测前后体系并不处于相同的波函数描述的状态：测量前的波函数具有在 A 点处的某种概率分布，测量后则必须 "塌缩" 到 $\delta(x-A)$。这就是测量对量子体系造成的影响。"塌缩" 是量子力学体系的一个典型特征，经典物理中没有对应的现象。

"塌缩" 也引起了对量子力学统计解释及其地位的学派之争。上面的解释是量子力学的正统解释，即哥本哈根解释 (Copenhagen interpretation)。Einstein、Schrödinger 等人就反对这种解释。他们认为如果测量得到了粒子在某个位置，那么测量之前的瞬间粒子必处于该位置；否则的话，在无穷小的测量时间内，粒子将运动有限大的距离。在经历与 Bohr 的交锋以及实验对统计解释的支持后，Einstein 转向了另一种观点，他相信在量子力学统计解释的背后隐藏着一个暂未发现的决定论，这就是隐变量理论 (hidden variable theory)。隐变量理论将量子力

学的正统解释放在了一个有效理论的地位，排斥它作为微观运动的基础性地位，将其视为对某个存在的、未发现的、更基本的微观理论的权宜解释。后来的贝尔不等式 (Bell's inequality) 的研究则证明了哥本哈根解释与隐变量理论不能协调一致，仅有一个是正确的，即被实验确认的哥本哈根正统解释。

1.2.2　波函数的归一化

在波函数的统计解释式 (1.10) 和式 (1.11) 中，概率密度与波函数的模方之间并不相等，仅是正比例关系。这与波函数的数乘不变性有关，因为 ψ 和 $c\psi$ 都是 Schrödinger 方程的解，$|\psi|^2$ 和 $|c\psi|^2$ 却相差 $|c|^2$ 倍。

如果考虑一个稳定的粒子，它在全空间区域总是存在的。用波函数的统计解释可以表示为

$$\int_{-\infty}^{+\infty} |\psi(x,t)|^2 \mathrm{d}x = 1$$

即该粒子在全空间出现的概率为 1，这个条件称为波函数的归一化（normalization）条件。利用归一化条件，可以重新定义一个新的波函数，使其满足上式的要求，即如果

$$\int |\psi|^2 \mathrm{d}x = A^2$$

则重新定义的波函数为

$$\psi_\mathrm{N}(x,t) = \frac{1}{A}\psi$$

使得 ψ_N 满足

$$\int_{-\infty}^{+\infty} \mathrm{d}x |\psi_\mathrm{N}(x,t)|^2 = 1$$

这个过程称为波函数的归一化，满足这个条件的波函数称为归一化波函数[①]。这里有两个问题需要说明。

(1) 波函数的归一化系数不唯一。两个归一化的波函数可以相差一个任意的复相位因子 $e^{i\theta}$，这不影响波函数的归一化性质。通常选取正实数作为归一化系数。

(2) Schrödinger 方程的解并不总能归一化。不能归一化的解，不满足统计解释，不能用于描述在全空间真实存在的稳定粒子；或者反过来说，描述稳定的物理体系的波函数必须能够归一化，即物理的波函数在数学上必须具有模方可积的性质。

第二个问题还会引起对以下量子力学更深的思考。

(1) 从 Schrödinger 方程求得的波函数需要进行归一化的检验，不可归一化的解必须舍去。这意味着 Schrödinger 方程不能独立地表示微观运动规律的全部，还需要与波函数的统计解释相配合，后者判断解是否符合实际，并解释解的物理含义。我们会在第 2 章中再次涉及该问题，它将使我们更深刻地理解 Schrödinger 方程与量子力学理论框架之间的逻辑关系，认识 Schrödinger 方程在量子力学中的地位。

---

① 在不做特别强调时，下标 N 通常略去不写，我们认为波函数已经归一化。

（2）关于量子力学的适用性。前面在提出全空间概率为 1 时，特别说明是针对稳定粒子的。这表示波函数统计解释是以粒子的稳定性为前提的，如果有新的粒子创生，则全空间总概率将增加；反之，如果发生粒子湮灭，则全空间总概率将减少。从这个角度分析，统计解释将粒子的稳定性作为前提，意味着量子力学不能够用于有粒子产生或湮灭的过程，仅适用于粒子数守恒的稳定情况。

1.2.3　概率流守恒

量子力学适用于稳定的粒子，粒子在全空间分布的概率总和保持不变。这个性质的微观表述是：粒子在空间中任意一点的概率密度的改变等于流入和流出的概率流的总和。从空间任意点 x 处概率密度的定义 $\rho(x,t) = |\psi(x,t)|^2$ 出发，$\rho(x,t)$ 随时间的变化率为

$$\frac{\mathrm{d}}{\mathrm{d}t}\rho(x,t) = \dot{\psi}^*\psi + \psi^*\dot{\psi}$$

分别利用 Schrödinger 方程及其共轭方程代换上式中波函数的时间微分 $\dot{\psi}$、波函数的复共轭的时间微分 $\dot{\psi}^*$，得

$$\begin{aligned}
\frac{\mathrm{d}}{\mathrm{d}t}\rho(x,t) &= \frac{1}{\hbar}\left(-\mathrm{i}\frac{\hbar^2}{2m}\nabla^2\psi^* + \mathrm{i}V\psi^*\right)\psi + \frac{1}{\hbar}\psi^*\left(-\mathrm{i}\frac{\hbar^2}{2m}\nabla^2\psi - \mathrm{i}V\psi\right) \\
&= -\mathrm{i}\frac{\hbar}{2m}(\nabla^2\psi^*)\psi + \mathrm{i}\frac{\hbar}{2m}\psi^*\nabla^2\psi \\
&= \mathrm{i}\frac{\hbar}{2m}\nabla\left\{-(\nabla\psi^*)\psi + \psi^*\nabla\psi\right\}
\end{aligned}$$

引入概率流的定义（这里采用了流出为正的规定）

$$\begin{aligned}
-\boldsymbol{j} &\equiv \mathrm{i}\frac{\hbar}{2m}\left\{-(\nabla\psi^*)\psi + \psi^*\nabla\psi\right\} \\
&= -\frac{\hbar}{m}\mathrm{Im}(\psi^*\nabla\psi)
\end{aligned}$$

则概率流守恒关系可表示为

$$\frac{\mathrm{d}}{\mathrm{d}t}\rho(x,t) = -\nabla\boldsymbol{j}$$

在这个关系的推导过程中，用了最一般形式的 Schrödinger 方程，对其势场未做任何要求。观察概率流的定义，它并不依赖于具体势场的形式，是由 Schrödinger 方程导出的最一般的结论，具有普适性。概率流守恒关系是 Schrödinger 方程在粒子数守恒体系的数学表现。

习题 1.4

仿照本节概率流守恒关系式的推导过程，推导 Klein-Groden 方程对应的概率流，并讨论其守恒性。

1.3　定态 Schrödinger 方程

Schrödinger 方程中的势场 V 描述了粒子所处系统的全部信息。一般地，势场是时间和空间的函数 $V = V(x,t)$。如果势场不随时间变化，即 $V = V(x)$，波函数将展现一些特殊的结

构。本节将讨论不依赖于时间的势场中 Schrödinger 方程解的结构。这是我们认识微观状态叠加性、求解更复杂势场体系的基础。

考虑微观体系处在不随时间变化的势场 $V = V(x)$ 中，我们尝试将波函数分解为时间部分和空间部分因子化乘积形式

$$\Psi(x,t) = \psi(x)\phi(t)$$

代入 Schrödinger 方程，可得

$$i\hbar\frac{1}{\phi}\frac{d\phi}{dt} = -\frac{\hbar^2}{2m}\frac{1}{\psi}\frac{d^2\psi}{dx^2} + V(x)$$

此时，方程左边仅依赖时间，而右边仅依赖于空间坐标。能同时满足该方程的解，必然使上式等于一个既不依赖于空间，又不依赖于时间的常数，设此常数为 E。$\psi(x)$ 与 $\phi(t)$ 各自满足分离后的方程，即

$$i\hbar\frac{d}{dt}\phi = E\phi \tag{1.12}$$

$$-\frac{\hbar^2}{2m}\frac{d^2}{dx^2}\psi + V(x)\psi = E\psi \tag{1.13}$$

先来求解关于时间部分的第一个方程。它与势场 V 无关，具有独立于势场的普适结构。求解式 (1.13) 可得

$$\phi(t) = Ce^{-iEt/\hbar}$$

式中：C 为任意非零常数，可以吸收到波函数归一化系数中。因此，含时波函数可以写成如下结构

$$\Psi(x,t) = \psi(x)e^{-iEt/\hbar} \tag{1.14}$$

这里空间部分波函数 $\psi(x)$ 由不含时的 Schrödinger 方程决定，即方程 (1.13)。

分离变量常数 E 必须是实数。假设常数 E 具有虚部 $E = E_0 + iE'$，则时间演化因子 $e^{-iEt/\hbar}$ 将产生一个指数式增强或衰减因子 $e^{E't/\hbar}$，随着时间演化，这个因子将使空间概率分布增加到无限大或衰减为零。这导致空间概率发散或为零。那么 E 有何物理含义呢？我们已经知道波函数是用波的形式描述实物粒子，Schrödinger 方程背后的本质是机械能守恒关系，方程左边的 $i\hbar\partial\Psi/\partial t$ 将能量从指数上提取出来。因此，分离变量的常数 E 正是能量。

1.3.1　定态

分离时间变量后的波函数 $\psi(x)$ 是不含时的势场 $V(x)$ 中 Schrödinger 方程的解，此时，空间概率密度

$$\begin{aligned}
\rho(x,t) &= |\Psi(x,t)|^2 \\
&= \Psi^*(x,t)\Psi(x,t) \\
&= \psi^*(x)e^{iEt/\hbar}\psi(x)e^{-iEt/\hbar} \\
&= |\psi(x)|^2
\end{aligned}$$

即 $\rho = \rho(x)$，粒子的空间概率分布保持稳定、不随时间变化。因此，将波函数 $\psi(x)$ 称为定态波函数（在不致混淆的情况下，通常也不加区分地简称为波函数），方程 (1.13) 称为定态 Schrödinger 方程。当物理体系处在定态时，任何物理量的平均值也都保持不变。

1.3.2　态的叠加

值得注意的是，式 (1.14) 中波函数 $\Psi(x,t)$ 的形式与特定的分离变量参数 E 对应，不同的能量 E 对应不同的定态解。考虑到需要区分不同能量的情况，可以用 E_i 标记方程 (1.13) 中不同的能量，与其相对应的定态波函数则标记为 $\psi_i(x)$，即

$$H\psi_i = E_i\psi_i$$

上式的定态方程也是 H 的本征方程，ψ_i 为对应于本征值 E_i 的本征函数。此时，含时波函数最一般的通解具有如下结构

$$\Psi(x,t) = \sum_i C_i\psi_i(x)\mathrm{e}^{-\mathrm{i}E_i t/\hbar} \tag{1.15}$$

式中：叠加系数 C_i 为任意（复）常数。

波函数能够通过线性叠加构成新的波函数，这是量子力学的典型特征，在经典物理中没有这样的情况。下面我们稍微详细地讨论波函数的叠加在现象学观测中的意义。

假设 ψ_1 和 ψ_2 是定态 Schrödinger 方程的解，分别对应两个不同能量 E_1、E_2。用这两个解可以构造一个线性叠加态

$$\Psi(x,0) = \psi_1(x) + \psi_2(x)$$

$\Psi(x,0)$ 也满足定态 Schrödinger 方程，也是 $t = 0$ 时刻 Schrödinger 方程的解。假设 $\Psi(x,0)$ 能够在全空间上归一化，它表示了粒子所处的某种物理状态。现在我们想知道：处在这个叠加态的粒子的空间分布概率如何？根据波函数的统计解释，$t = 0$ 时刻粒子的空间分布概率密度为[①]

$$\begin{aligned}\rho(x,0) &= |\Psi(x,0)|^2 \\ &= |\psi_1|^2 + |\psi_2|^2 + \left(\psi_1^*\psi_2 + \psi_1\psi_2^*\right)\end{aligned}$$

上式第一项、第二项分别是解 ψ_1、ψ_2 的单独分布概率，第三项是两个波函数造成的干涉效果。一般情况下，第三项并不为零。因此，叠加态的概率密度并不等于两个波函数对应概率分布的经典叠加，还需要计及干涉效应。更进一步，考虑叠加态的时间演化

$$\Psi(x,t) = \psi_1(x)\mathrm{e}^{-\mathrm{i}E_1 t/\hbar} + \psi_2(x)\mathrm{e}^{-\mathrm{i}E_2 t/\hbar}$$

重复上面的类似计算，可得

$$\rho(x,t) \propto |\Psi(x,t)|^2 = |\psi_1|^2 + |\psi_2|^2 + 2\mathrm{Re}(\psi_1^*\psi_2)\cos\left[\frac{(E_2 - E_1)t}{\hbar}\right] \tag{1.16}$$

---

① 由于叠加波函数需要归一化，此处用未进行归一化的波函数计算概率时采用了正比符号，而不是等号。

第三项是 ψ_1 和 ψ_2 的干涉项，随时间变化表现出周期性振荡的特征，并不保持稳定的空间概率分布。因此，叠加态不是定态，定态是能量本征态，是概率分布 ρ 稳定的状态。如果能量 E_1 与 E_2 非常接近，使得比值 $\frac{E_2-E_1}{\hbar}$ 不至于过大，就有可能在宏观的时间尺度上观察到周期性变化的干涉效应。这是量子效应在宏观上的体现。核磁共振现象就是基于这样的原理产生的。

1.4　第一个量子模型：无限深方势阱

微观运动可用 Schrödinger 方程描述，波函数作为 Schrödinger 方程的解，其模方代表粒子的空间分布概率，这是量子力学的基本逻辑。本节将以无限深方势阱为例，展示如何运用量子力学来描述这一物理模型，一些典型的量子特性也将呈现出来。

1.4.1　定态波函数

无限深方势阱适用于粒子被严格束缚在某个有限的（一维）空间区域，在此区域内粒子不受任何物理作用。势函数可以用分段函数表示为

$$V(x) = \begin{cases} 0, & 0 \leqslant x \leqslant a \\ \infty, & x < 0,\ x > a \end{cases}$$

我们关心粒子在该势场中的概率分布情况，为此需要求解 Schrödinger 方程，获得描述粒子状态的波函数。这里的势场分布并不依赖时间，只需要求解定态 Schrödinger 方程。为表述方便，我们将势场从左到右依次分为三个区域，如图1.4 所示。在区域 1、3 内，Schrödinger 方程为

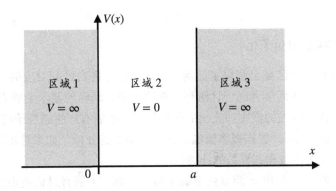

图 1.4　无限深方势阱势场

$$\left(-\frac{\hbar^2}{2m}\frac{\mathrm{d}^2}{\mathrm{d}x^2} + V\right)\psi = E\psi$$

由于势场 $V = \infty$，上式左边由势能 V 支配，右边的 E 表示粒子的能量，仅当粒子能量为无穷大时，方程才可能成立。由于无穷大能量超出实际的物理现实，因此方程在该区域成立的唯一条件为

$$\psi(x) = 0$$

在势场区域 2 内，定态 Schrödinger 方程为

$$-\frac{\hbar^2}{2m}\frac{\mathrm{d}^2\psi}{\mathrm{d}x^2} = E\psi \tag{1.17}$$

引入 $k = \sqrt{2mE}/\hbar$，重新定义参数，上式可写为

$$\frac{\mathrm{d}^2\psi}{\mathrm{d}x^2} = -k^2\psi$$

解方程，得到两个独立的解

$$\psi_1 = \sin(kx), \quad \psi_2 = \cos(kx) \tag{1.18}$$

因此，方程的通解是这两个独立解的线性叠加

$$\psi(x) = A\sin(kx) + B\cos(kx)$$

式中：A、B 为叠加系数，可以取任意复数。

方程（1.17）的解也能表达成另外一种形式，即

$$\psi_1 = \mathrm{e}^{ikx}, \quad \psi_2 = \mathrm{e}^{-ikx} \tag{1.19}$$

显然式（1.18）和式（1.19）两组解在数学上是等价的，它们可以通过线性变换重新组合为另一组。由于指数形式的解（1.19）更适合用于表达波在空间的传播（行波解），常常在表示开放、半开放空间分布的状态时采用；而解（1.18）更倾向于表示在受限、封闭区间分布的状态（驻波解）。

1.4.2 连续性条件和能量量子化

现在我们已经在三个区域上解得了波函数，它们满足各自区间对应的 Schrödinger 方程，要使其成为物理的解，还需要考虑统计解释。在这里统计解释的要求主要表现为概率流守恒，即要求在任意区间内，流入的概率和流出的概率相等，不能有产生新粒子的"源"，也不能有湮灭（吞噬）粒子的"洞"。根据概率流的定义和数学上的分析，如果势场分布没有奇点，概率流守恒条件等价于波函数和其导数的连续性条件。

势场三个区域在 $x = 0$ 和 a 两点处形成了两个交界。下面将讨论波函数及其导数在这两点处的连续性要求。

根据区域 1 与区域 2 中的波函数在 $x = 0$ 点两边的连续性要求

$$0 = A\sin(0) + B\cos(0)$$

可知

$$B = 0$$

这时区域 2 中的波函数成为

$$\psi(x) = A\sin(kx)$$

再要求区域 2 与区域 3 中的波函数在 $x = a$ 点处连续，得

$$\psi(a) = A\sin(ka) = 0$$

这时存在以下两个满足连续性要求的情况。

（1）$ka = n\pi$。这里 $n = 1, 2, 3, \cdots$ 取正整数[①]！没错，一个整数出现在了公式里，n 并不要求固定为某个具体值，任何一个整数都满足要求。由于 k 和粒子的能量 E 有关，根据 $k = \sqrt{2mE}/\hbar$，粒子的能量成为量子化的值

$$E_n = \frac{n^2\pi^2\hbar^2}{2ma^2} \tag{1.20}$$

这正是能量量子化条件，每一个 E_n 对应一个允许的能级。相邻两个能级的间隔并不均匀相等，而是随着能级的升高间隔变大。这里 $n = 1$ 的能级对应最低的能量状态，称为基态；其它能级对应的状态称为激发态。

（2）$A = 0$。此时全空间波函数退化为平庸情况，即粒子分布概率处处为零。$A = 0$ 是在 $kx \neq n\pi$ 情况下，唯一满足量子力学要求的解。这表明不满足能量量子条件的情况在物理上不存在。

因此，无限深方势阱中的粒子能量必须满足量子化的能级公式 (1.20)，否则粒子在势阱中的概率分布处处为零。

由于能量存在多个量子化取值，与此对应的波函数也相应地需要用下标 n 标记

$$\psi_n = A\sin(\frac{n\pi x}{a})$$

系数 A 能够通过归一化确定

$$\int_0^a |A|^2 \sin^2(\frac{n\pi x}{a})\mathrm{d}x = \frac{a}{2}|A|^2 = 1$$

最后，归一化后的波函数为

$$\psi_n(x) = \sqrt{\frac{2}{a}}\sin(\frac{n\pi x}{a}), \quad 0 \leqslant x \leqslant a \tag{1.21}$$

习题 1.5

以式 (1.19) 所示的指数函数为解，讨论波函数的连续性条件，并求解无限深方势阱的波函数。

图1.5 绘制了不同能级 E_n 对应状态的空间分布，可以看出，ψ_1 在 $[0, a]$ 区间内为"半个波长"，ψ_2 为"一个波长"，ψ_3 为"一个半波长"。更一般地，ψ_n 在势阱内的分布为半波长的整数倍。这样，粒子在势阱内运动一周恰好为整数个波长，形成稳定的"驻波"条件。上面的量子化的能级公式是从 Schrödinger 方程求解得到的，这个公式同样可以从旧量子论的 Bohr-Sommerfeld 量子化条件得到。Schrödinger 方程从实物粒子的波动性描述出发，重现出了旧量子论的"驻波"条件，揭示了微观运动中实物粒子波粒二象性的统一。

[①] 这里 n 取负整数时同样满足要求，但由于负整数 n 对应的解可以通过重新定义归一化系数 A 将负号吸收，因此仅考虑独立的正整数 n 的情况。

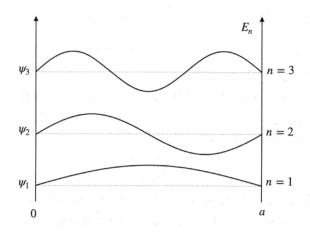

图 1.5　无限深方势阱的波函数

最后，让我们分析一下量子化条件的产生原因。从波函数的概率分布角度，不同能量对应的波在边界处必须形成驻波节点，势阱宽度内恰恰容纳了整数个半波长，此时的解才能稳定存在。从求解 Schrödinger 方程的数学角度，势阱边界处的连续性条件要求波函数在 $x = 0$ 和 a 两点处为零。只有满足量子化条件时，方程才能存在非平庸解。波函数的连续性要求是概率守恒的体现，它来源于对波函数的统计解释。因此，在量子力学的理论框架内，离散的量子化能量本质上来自波函数的统计解释。

习题 1.6

用 Bohr-Sommerfeld 量子化条件求无限深方势阱的能量量子化公式 (1.20)。

1.4.3　波函数的特性

图1.5 中波函数的分布展现出特定的奇偶性：ψ_1 是偶函数，ψ_2 是奇函数，ψ_3 是偶函数……实际上，如果将坐标系建立在势场中心位置，奇偶性就能够从波函数的表达式中得到。

令式 (1.21) 中 $x \to x - a/2$，将坐标原点向右平移 $a/2$，波函数成为

$$
\psi_n = \sqrt{\frac{2}{a}} \sin\left(\frac{n\pi}{a}x - \frac{n\pi}{2}\right)
$$

$$
= \begin{cases} -\sqrt{\frac{2}{a}} \sin\left(\frac{n\pi}{a}x\right), & n = 2, 4, 6, \cdots \\ \sqrt{\frac{2}{a}} \cos\left(\frac{n\pi}{a}x\right), & n = 1, 3, 5, \cdots \end{cases}
$$

无限深方势阱波函数的奇偶性是势场对称性的体现。在以势场中心为原点的新坐标系中，进行坐标反演变换 $x \to -x$ 时，势场保持不变 $V(x) = V(-x)$，可以得到 $\psi(-x)$ 也是 Schrödinger 方程的解

$$
-\frac{\hbar^2}{2m}\frac{\partial^2}{\partial^2 x}\psi(-x) + V(x)\psi(-x) = E\psi(-x)
$$

利用 $\psi(x)$ 和 $\psi(-x)$ 可以构造出奇函数和偶函数的解

$$\psi_{\text{odd}} = \psi(x) - \psi(-x)$$
$$\psi_{\text{even}} = \psi(x) + \psi(-x)$$

我们通常称 $x \to -x$ 的对称性为宇称对称性，ψ_{odd} 和 ψ_{even} 分别是奇宇称解和偶宇称解。奇宇称解和偶宇称解都是势场具有宇称对称性的体现。

> **习题 1.7**
>
> 利用波函数 ψ_n 的表达式 (1.21)，计算积分: (1) $\int_0^a \mathrm{d}x \psi_1^* \psi_1$; (2) $\int_0^a \mathrm{d}x \psi_2^* \psi_1$; (3) $\int_0^a \mathrm{d}x \psi_4^* \psi_2$。

> **习题 1.8**
>
> 利用波函数 ψ_n 的表达式，画出 ψ_1、ψ_2、ψ_3 的概率密度 $\rho(x)$ 分布图，指出在各个状态上概率分布的最大位置。

在上面的习题中，我们计算发现

$$\int_0^a \mathrm{d}x \psi_2^* \psi_1 = 0$$
$$\int_0^a \mathrm{d}x \psi_4^* \psi_2 = 0$$

这些结论能够利用数学物理知识更清晰地表达。我们知道，无限深方势阱的解集为

$$\left\{ \psi_n, n = 1, 2, \cdots \right\}$$

构成傅里叶级数，不同波函数之间满足正交性关系

$$\int_0^a \mathrm{d}x \psi_m^* \psi_n = \delta_{mn} \tag{1.22}$$

傅里叶级数具有完备性: 任何函数都能够写成傅里叶级数的线性叠加，即

$$\psi(x) = \sum_n c_n \psi_n$$

叠加系数 c_n 利用正交性关系式 (1.22) 计算得到

$$c_n = \int_0^a \mathrm{d}x \psi_n^* \psi$$

利用这些性质，我们来讨论波函数的演化。假设无限深方势阱中的粒子在 $t = 0$ 时刻处在初始状态

$$\Psi(x, 0) = x(a - x), \quad (0 \leqslant x \leqslant a)$$

随着时间演化，在 t 时刻粒子的概率分布情况如何呢？根据定态 Schrödinger 方程解的结构，波函数的演化满足式 (1.15)。为此需要确定 $t = 0$ 时刻的叠加系数 c_n。

先对初始状态进行归一化：

$$1 = \int_0^{+\infty} A^2 |\Psi(x,0)|^2 \mathrm{d}x$$

$$= A^2 \int_0^a x^2(a-x)^2 \mathrm{d}x$$

$$= A^2 \frac{a^5}{30}$$

得归一化系数为

$$A = \sqrt{\frac{30}{a^5}}$$

归一化后的初始波函数为

$$\Psi(x,0) = \sqrt{\frac{30}{a^5}} x(a-x)$$

再利用波函数正交性计算傅里叶展开系数：

$$c_n = \int_0^{+\infty} \psi_n(x)\Psi(x,0)\mathrm{d}x$$

$$= \sqrt{\frac{2}{a}} \int_0^a \sin(\frac{n\pi}{a}x) \sqrt{\frac{30}{a^5}} x(a-x)\mathrm{d}x$$

$$= \frac{4\sqrt{15}}{(n\pi)^3} [\cos(0) - \cos(n\pi)]$$

$$= \begin{cases} 0, & n = 2,4,6,\cdots \\ 8\sqrt{15}/(n\pi)^3, & n = 1,3,5,\cdots \end{cases}$$

$\Psi(x,0)$ 可以表示为能量本征态的叠加形式

$$\Psi(x,0) = \sum_n c_n \psi_n(x)$$

$$= \sum_n \frac{8\sqrt{15}}{(n\pi)^3} \left(\sqrt{\frac{2}{a}} \sin\left(\frac{n\pi}{a}x\right) \right) \qquad n = 1,3,5,\cdots$$

每个本征态在随时间演化时，按照各自的能量因子 $\mathrm{e}^{-\mathrm{i}E_i t/\hbar}$ 独立进行演化，即

$$\Psi(x,t) = \sum_n \frac{8\sqrt{15}}{(n\pi)^3} \sqrt{\frac{2}{a}} \sin\left(\frac{n\pi}{a}x\right) \mathrm{e}^{-\mathrm{i}E_n t/\hbar} \qquad n = 1,3,5,\cdots$$

式中：能量本征值 $E_n = n^2\pi^2\hbar^2/(2ma^2)$。最后，$t$ 时刻的概率分布可以通过

$$\rho(x,t) = |\Psi(x,t)|^2$$

进一步计算得到。我们发现 $\Psi(x,t)$ 是 n 为奇数的波函数叠加而成的，如果将坐标原点移到势场中间，这些波函数均为偶函数，没有奇函数。这是因为初始的波函数恰恰是一个偶函数。

这个例子完整地展示了在已知势场中，从一个特定的初始波函数出发，体系如何随时间演化的问题。能量本征态在时间演化中扮演了重要的角色。

1.5　动量算符

在无限深方势阱问题中，我们已经展示了 Schrödinger 方程的基本应用思路：求解方程得到波函数，利用统计解释得到空间概率分布情况。波函数统计解释使我们能够获得粒子的位置分布信息，那么其它物理量的信息如何呢？这节将讨论位置之外的另一个物理量——动量。

先回到经典物理中，粒子运动的动量是质量与速度的乘积，其中速度是单位时间位置的变化 $v = \mathrm{d}r/\mathrm{d}t$。但对于微观运动则不同。由于实物粒子具有波粒二象性，粒子以概率的方式弥漫地分布在空间中，不能像追踪经典粒子运动一样，用位置随时间的变化来描述微观粒子的运动。因此，不能将经典的动量定义直接应用于微观粒子。然而，波函数的统计解释使得我们能够用粒子的平均位置来估计整体分布情况。将位置的平均值记为 $\langle x \rangle$（也称为位置的期望值），则

$$\langle x \rangle = \int_{-\infty}^{+\infty} \mathrm{d}x \rho(x) x = \int_{-\infty}^{+\infty} \mathrm{d}x \Psi^* x \Psi$$

需要强调，$\langle x \rangle$ 并不一定是粒子的实际分布位置，也不一定是最大概率分布位置。它仅是从统计的角度，对分布位置的统计结果，是对粒子空间分布的整体性描述。当波函数随时间变化时，$\langle x \rangle$ 也随时间变化。考虑 $\langle x \rangle$ 对时间的微分

$$\frac{\mathrm{d}}{\mathrm{d}t}\langle x \rangle = \int_{-\infty}^{+\infty} x \frac{\partial}{\partial t} |\Psi|^2 \mathrm{d}x$$

$$= \frac{i\hbar}{2m} \int_{-\infty}^{+\infty} x \frac{\partial}{\partial x} \left(\Psi^* \frac{\partial \Psi}{\partial x} - \frac{\partial \Psi^*}{\partial x} \Psi \right) \mathrm{d}x$$

$$= \frac{i\hbar}{2m} \int_{-\infty}^{+\infty} \frac{\partial}{\partial x} \left(x \left[\Psi^* \frac{\partial \Psi}{\partial x} - \frac{\partial \Psi^*}{\partial x} \Psi \right] \right) \mathrm{d}x - \frac{i\hbar}{2m} \int_{-\infty}^{+\infty} \left(\Psi^* \frac{\partial \Psi}{\partial x} - \frac{\partial \Psi^*}{\partial x} \Psi \right) \mathrm{d}x$$

$$= \int_{-\infty}^{+\infty} \Psi^* \left(-\frac{i\hbar}{m} \frac{\partial}{\partial x} \right) \Psi \, \mathrm{d}x$$

上式第二步运用了 Schrödinger 方程。在第三步中，利用了全微分变化

$$\int_{-\infty}^{+\infty} f(x) \frac{\partial}{\partial x} g(x) \mathrm{d}x = \int_{-\infty}^{+\infty} \frac{\partial}{\partial x} [f(x)g(x)] - \left[\frac{\partial}{\partial x} f(x) \right] g(x) \mathrm{d}x$$

在最后一步中，由于统计解释要求波函数必须模方可积，波函数在无穷远边界上必须为零，以保证可归一性，因此全微分项积分后在 $\pm\infty$ 边界处消失，即

$$\int_{-\infty}^{+\infty} \frac{\partial}{\partial x} \left(x \left[\Psi^* \frac{\partial \Psi}{\partial x} - \frac{\partial \Psi^*}{\partial x} \Psi \right] \right) \mathrm{d}x = \left(x \left[\Psi^* \frac{\partial \Psi}{\partial x} - \frac{\partial \Psi^*}{\partial x} \Psi \right] \right) \bigg|_{-\infty}^{+\infty} = 0$$

尽管不能按照描述经典运动的速度的概念描述运动变化情况，但这不妨碍用平均位置对时间的导数来刻画整体分布行为的改变。类比经典物理中动量和速度的关系，可以假设 $m\frac{\mathrm{d}}{\mathrm{d}t}\langle x\rangle$ 具有微观运动中平均动量的概念，动量的平均值可以定义为

$$\langle p\rangle = \int \mathrm{d}x \varPsi^* \left(-\mathrm{i}\hbar\frac{\partial}{\partial x}\right)\varPsi$$

可见，微分运算 $-\mathrm{i}\hbar\frac{\partial}{\partial x}$ 作用于波函数上得到了动量的数值。上式的右边可进一步写成

$$\int \mathrm{d}x \varPsi^* p\varPsi = \int \mathrm{d}x p\rho(x)$$

这样恰恰与统计平均值的定义相一致，即动量的统计平均值等于动量乘以分布概率的全空间积分。基于上面的讨论，可以假定动量在量子力学中对应一个运算操作

$$\hat{p} = -\mathrm{i}\hbar\frac{\partial}{\partial x}$$

或者

$$\hat{p}\varPsi = -\mathrm{i}\hbar\frac{\partial}{\partial x}\varPsi$$

这样的运算操作在数学上称为算符或算子（operator）。这里的符号 ^ 用于强调 p 是一个算符。至此，在微观运动中实现了对动量的描述。

动量算符的引入也可以从另一个角度考虑。按照 Schrödinger 方程提出的逻辑思路，粒子用波动的方式可以描述为 $Ae^{\mathrm{i}(kx-\omega t)}$，根据 de Broglie 物质波公式 $p = 2\pi/k$，如果在 $Ae^{\mathrm{i}(kx-\omega t)}$ 前作用算符 $-\mathrm{i}\hbar\partial/\partial x$，则能够得到粒子动量值

$$-\mathrm{i}\hbar\frac{\partial}{\partial x}\left(Ae^{\frac{\mathrm{i}}{\hbar}(px-Et)}\right) = p\left(Ae^{\frac{\mathrm{i}}{\hbar}(px-Et)}\right)$$

需要强调，以上讨论的动量算符的引入思路仅仅是假设，不具有物理上严格推导的性质。将经典物理中的概念推广到微观运动，超出了理论的适用范畴，并不具有逻辑上的可行性。因此，只能将动量的算符化及其具体形式视为量子力学中的一个假设。量子力学建立之后，特别是随着现代物理中对称性的研究，人们发现动量算符能够从更基本的对称性的要求出发，逻辑地引入到量子力学中。

至此，我们已经讨论了位置、动量两个物理量。对于处在 ψ 态的物理系统，位置、动量的平均值可以如下计算

$$\langle x\rangle = \int_{-\infty}^{+\infty} \mathrm{d}x \psi^*(x)\hat{x}\psi(x)$$

$$\langle p\rangle = \int_{-\infty}^{+\infty} \mathrm{d}x \psi^*(x)\hat{p}\psi(x) = \int_{-\infty}^{+\infty} \mathrm{d}x \psi^*(x)(-\mathrm{i}\hbar)\frac{\partial}{\partial x}\psi(x)$$

这里，作为物理量的位置 $\hat{x}$ 也被视为算符。在经典物理中，如果一个物理量 Q 能够用位置和动量表示为 $Q = Q(x, p)$，则在量子力学中可将其对应于算符 $\hat{Q} = \hat{Q}(\hat{x}, \hat{p})$，即用位置算符和动量算符替换经典的位置和动量。例如经典的动能 $T = p^2/(2m)$，对应到量子力学中为算符

$$\hat{T} = -\frac{\hbar^2}{2m}\frac{\partial^2}{\partial^2 x}$$

借助动能算符, Schrödinger 方程也可以表示为

$$i\hbar\frac{\partial}{\partial t}\Psi(x,t) = \left(T+V\right)\Psi(x,t)$$

按照这个对应原则可以方便地建立物理量的算符表达式。物理量 Q 的平均值可以类似地计算如下

$$\langle Q(x,p)\rangle = \int \mathrm{d}x\,\psi^* Q(x,-\mathrm{i}\hbar\partial_x)\psi$$

特别地，如果物理体系处在能量本征态 ψ_n，在任意 t 时刻，算符 $\hat{Q}$ 的平均为

$$\begin{aligned}\langle Q(x,p)\rangle &= \int \mathrm{d}x\,\Psi^*(x,t)Q(x,-\mathrm{i}\hbar\partial_x)\Psi(x,t)\\ &= \int \mathrm{d}x\,\psi^*(x)\mathrm{e}^{\mathrm{i}E_n t/\hbar}\mathrm{e}^{-\mathrm{i}E_n t/\hbar}Q(x,-\mathrm{i}\hbar\partial_x)\psi(x)\\ &= \int \mathrm{d}x\,\psi^*(x)Q(x,-\mathrm{i}\hbar\partial_x)\psi(x)\end{aligned}$$

上式表明平均值 $\langle Q(x,p)\rangle$ 并不依赖时间。因此，对于能量本征态，任何算符的平均值均不随时间变化，这也是定态的另一个特征。

需要说明，从物理量的经典形式通过算符化

$$x \to \hat{x} = x, \quad p \to \hat{p} = -\mathrm{i}\hbar\frac{\partial}{\partial x}$$

生成量子力学算符的这种方案并没有理论支撑，也并非总是有效的。例如经典物理中的 $x\cdot p$ 涉及位置与动量排列顺序，可以算符化为 $\hat{x}\hat{p}$ 或者 $\hat{p}\hat{x}$ 等不同形式，但不同的排列方式具有不同的物理效应。因此，算符化的方案没有任何基本的原则决定算符的顺序。归根结底，量子力学中的算符并不是由经典对应的方式决定的。

Ehrenfest 定理

上面我们从经典速度平均值出发，引出了量子力学中动量的概念。这种在平均值意义上建立的经典物理量与量子力学中观测量联系的例子还包括 Ehrenfest（埃伦费斯特）定理（动量定量）。

在经典力学中，Ehrenfest 定理表述为

$$\frac{\mathrm{d}p}{\mathrm{d}t} = -\frac{\partial V}{\partial x}$$

在量子力学中也有建立在平均值意义上的类似的对应形式，即

$$\frac{\mathrm{d}\langle p\rangle}{\mathrm{d}t} = \langle -\frac{\partial V}{\partial x}\rangle$$

证明: 从动量平均值公式出发

$$\begin{aligned}\frac{\mathrm{d}}{\mathrm{d}t}\langle p\rangle &= \frac{\mathrm{d}}{\mathrm{d}t}\int \psi^*(-\mathrm{i}\hbar\frac{\partial}{\partial x})\psi\,\mathrm{d}x\\ &= \int \frac{\mathrm{d}}{\mathrm{d}t}\psi^*(-\mathrm{i}\hbar\partial_x)\psi\,\mathrm{d}x + \int \psi^*(-\mathrm{i}\hbar\partial_x)\frac{\mathrm{d}}{\mathrm{d}t}\psi\,\mathrm{d}x\end{aligned}$$

这里积分 $\int_{-\infty}^{+\infty}$ 被简记为 $\int$，微分算符 $\partial_x \equiv \partial/\partial x$。利用 Schrödinger 方程及其复共轭形式，代换波函数的时间微分

$$\frac{\mathrm{d}}{\mathrm{d}t}\langle p \rangle = \int (-\hbar^2/2m\partial^2\psi^* + V\psi^*)(\partial_x)\psi \, \mathrm{d}x - \int \psi^*(\partial_x)(-\hbar^2/2m\partial^2\psi + V\psi)\mathrm{d}x$$

$$= \int \left\{ -\frac{\hbar^2}{2m}(\partial^2\psi^*\partial_x\psi - \psi^*\partial_x\partial^2\psi) + V\psi^*\partial_x\psi - \psi^*\partial_x V\psi \right\}\mathrm{d}x \tag{1.23}$$

再应用全微分变换

$$\partial_x\psi^*\partial x\psi = \partial_x(\psi^*\partial_x\psi) - \psi^*\partial^2\psi$$

上式第一项全空间积分后在边界上消失（保证波函数平方可积，能够归一化）。类似地，利用全微分变换可进一步得到

$$\int \mathrm{d}x\partial^2\psi^*\partial x\psi = \int \mathrm{d}x\psi^*\partial^2\partial_x\psi$$

因此，式 (1.23) 中的第一项完全消失，仅剩后两项

$$\frac{\mathrm{d}}{\mathrm{d}t}\langle p \rangle = \int \left\{ V\psi^*\partial_x\psi - \psi^*(\partial_x V)\psi - \psi^* V\partial_x\psi \right\}\mathrm{d}x$$

$$= \int \left\{ -\psi^*(\partial_x V)\psi \right\}\mathrm{d}x$$

$$= -\langle \partial_x V \rangle$$

定理得证。

在统计平均的意义上，一些经典物理的公式具有量子力学中的对应形式，其原因是微观的波动性在大量事例的统计效应中被压低抑制，仅展现出统计平均值之间的关系。但统计平均的方式并不是微观物理量与经典量之间存在的普遍性联系。一方面，我们没有任何更基本的原则要求两个体系之间存在这种对应；另一方面，统计平均的方式往往不具有唯一确定的形式，如 $\langle \partial_x V \rangle \neq \partial_x \langle V \rangle$，这给经典与微观的对应关系带来不确定性。

1.6 波粒二象性与不确定原理

在经典物理中，物理研究的对象可以根据其本性分为粒子和波两种不同的类型，两者遵从不同的运动规律，各自用不同的物理量来描述。粒子通常用位置、动量、能量等物理量来描述，而波则用波长、频率等物理量描述。20 世纪初，随着人们探索的尺度进入微观领域，微观现象所遵从的物理规律不再能够仅仅从粒子或者波的单一角度进行描述。对黑体辐射现象早期研究的不成功就是一个很好的例证，之后普朗克才提出了能量量子的概念，认为描述光的粒子性的能量与描述其波动性频率具有关系，即 $E = h\nu$。这表明了光同时具备波和粒子两种属性，称之为波粒二象性。随后 Einstein 在对光电效应实验的解释中也提出了光量子假说，成为支持光具有粒子性的另一个独立实验，由此光的波粒二象性属性得到了确认。de Broglie 将光的波粒二象性推广到了微观的实物粒子（如电子），提出物质波的概念，将波粒二象性的属性赋予了实物粒子。旧量子论中的 Bohr-Sommerfeld 量子化条件，以及 Schrödinger 方程背后的物理都是实物粒子的波粒二象性。因此，波粒二象性是微观运动的本质属性。那么，波粒二象性如何体现在前面讨论的各种势场的解中呢？

在现象学上，波粒二象性能够通过位置和动量分布来描述。当具有确定位置和动量时，称研究对象展现出粒子性；当位置和动量不能完全确定，具有一定的分布范围时，则表现出波动性。

考虑波函数 $\psi(x)$，根据波函数的统计解释，粒子在空间的统计分布能够用 $\rho(x) = |\psi(x)|^2$ 来描述。粒子的平均位置 $\langle x \rangle$ 可以表示为

$$\langle x \rangle = \int_{-\infty}^{+\infty} \mathrm{d}x \psi^* x \psi$$

前面已经指出，平均位置 $\langle x \rangle$ 并不是粒子分布概率较大的位置，甚至不是粒子可能分布的位置，它仅在统计的意义上刻画了粒子整体分布的一个指标。

以 $\langle x \rangle$ 为中心，粒子偏离 $\langle x \rangle$ 的程度可以用方差 σ_x 表示为

$$\sigma_x^2 = \langle (x - \langle x \rangle)^2 \rangle = \int_{-\infty}^{+\infty} \mathrm{d}x \psi^* \left[x - \langle x \rangle \right]^2 \psi$$

在无限深方势阱中，处于 ψ_n 态的粒子的平均位置为

$$\langle x \rangle = \int_0^a \mathrm{d}x \left(\sqrt{\frac{2}{a}} \right)^2 \sin\left(\frac{n\pi x}{a}\right) x \sin\left(\frac{n\pi x}{a}\right)$$
$$= \frac{a}{2}$$

位置测量的偏差为

$$\sigma_x^2 = \int_0^a \mathrm{d}x \left(\sqrt{\frac{2}{a}} \right)^2 \sin\left(\frac{n\pi x}{a}\right) \left[x - \frac{a}{2} \right]^2 \sin\left(\frac{n\pi x}{a}\right)$$
$$= \frac{a^2}{12} \left(1 - \frac{6}{n^2 \pi^2} \right)$$

与位置观测类似，动量也能够用平均值 $\langle p \rangle$ 和偏差 $\sigma_p \equiv \sqrt{\langle (p - \langle p \rangle)^2 \rangle}$ 来描述分布情况。仍以无限深方势阱 ψ_n 态为例，动量平均值为

$$\langle p \rangle = \int_0^a \mathrm{d}x \left(\sqrt{\frac{2}{a}} \right)^2 \sin\left(\frac{n\pi x}{a}\right) (-\mathrm{i}\hbar) \frac{\partial}{\partial x} \sin\left(\frac{n\pi x}{a}\right)$$
$$= 0$$

动量测量的偏差为

$$\sigma_p^2 = \int_0^a \mathrm{d}x \left(\sqrt{\frac{2}{a}} \right)^2 \sin\left(\frac{n\pi x}{a}\right) \left[\left(-\mathrm{i}\hbar \frac{\partial}{\partial x} - 0\right) \right]^2 \sin\left(\frac{n\pi x}{a}\right)$$
$$= \frac{n^2 \hbar^2 \pi^2}{a^2}$$

不为零的 σ_x、σ_p 表明测量位置、动量不可避免地存在偏差，不能够无偏差地同时得到位置和动量的确定值。这正是波粒二象性的体系。更为精确地，量子力学表明位置和动量的测量不确定度满足如下公式

$$\sigma_x \sigma_p \geqslant \frac{\hbar}{2}$$

此即著名的海森堡不确定原理（Heinsberg's Uncertainty Principle）。它表明同时测量粒子的位置和动量时，不能够同时将粒子的位置和动量两个物理量准确测出，两者的不确定度存在一个下限。或者说，当更精确地知道了粒子位置的分布时，就意味着动量分布范围变得更广，反之亦然。对应无限深方势阱中 ψ_n 态的粒子，随着能级的升高，位置不确定度 σ_x 减小，动量不确定度 σ_p 增大，两者乘积满足关系

$$\sigma_x \sigma_p = \frac{\hbar \pi}{2\sqrt{3}} \sqrt{n^2 - \frac{6}{\pi^2}} > \frac{\hbar}{2}$$

1.7　其它典型势场

有限高方势垒、自由粒子势、δ 势、一维简谐振子势作为典型的势场具有不同的微观性质，本节将通过求解 Schrödinger 方程来展现这些势场中各异的量子特征。

1.7.1　有限高方势垒

在无限深方势阱的例子中，微观量子体系的一些特征，如能量的量子化、波函数的叠加性等，通过具体地求解 Schrödinger 方程展示出来。在本节中，我们将在有限高方势垒的例子中再次运用 Schrödinger 方程，展示量子体系的另一个特征——隧道效应。

有限高方势垒适用于描述粒子在某个特定范围内受到固定强度的势垒的作用，阻碍其传播的情况。势场可以描述如下：

$$V(x) = \begin{cases} V_0, & 0 \leqslant x \leqslant a \\ 0, & x < 0, x > a \end{cases}$$

为了方便起见，将空间区域按照势场分布从左到右分为三部分，如图1.6 所示。

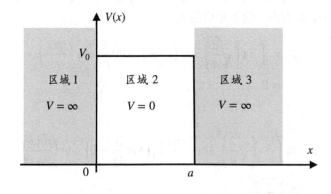

图 1.6　有限高方势垒

在区域 1、3 内，势场处处为零，Schrödinger 方程为

$$-\frac{\hbar^2}{2m} \frac{\mathrm{d}^2}{\mathrm{d}x^2} \psi(x) = E\psi(x)$$

或者写为

$$\psi'' + k^2\psi = 0$$

式中：$k = \frac{\sqrt{2mE}}{\hbar}$。方程有两个独立的解，采用指数形式的行波解表示为

$$\psi_1(x) = e^{ikx/\hbar}, \quad \psi_2(x) = e^{-ikx/\hbar}$$

根据相位随 x 的变化情况，可知 ψ_1 的相位随 x 增大而增大，表示从左往右，朝 x 正方向传播的状态；而 ψ_2 的相位随 x 增大而减小，表示从右往左，朝 x 负方向传播的状态。

在区域 2 内，Schrödinger 方程为

$$-\frac{\hbar^2}{2m}\psi'' = (E - V_0)\psi$$

该方程的解需要分 $E < V_0$ 和 $E \geqslant V_0$ 两种情况。

（1）当 $E < V$ 时，定义 $\beta = \sqrt{2m(V_0 - E)}/\hbar$，方程解为

$$\psi_1 = e^{\beta x}, \quad \psi_2 = e^{-\beta x}$$

式中：ψ_1 表示随 x 增加，指数式增强的解；而 ψ_2 表示随 x 增加，指数式衰减的解。

（2）当 $E \geqslant V_0$ 时，定义 $k' = \sqrt{2m(E - V_0)}/\hbar$，方程解为

$$\psi_1 = e^{ik'x}, \quad \psi_2 = e^{-ik'x}$$

这组解的物理含义与区域 1、3 中解的形式类似，是行波解，所不同的是，此时对应的波长 $\lambda' = 2\pi/k'$ 变得比区域 1、3 中的更长。

下面着重讨论 $E < V_0$ 的第一种情况。波函数的通解可在三个区域中分别写成：

$$\psi(x) = \begin{cases} Ae^{ikx} + Re^{-ikx}, & x \leqslant 0 \\ Be^{\beta x} + Ce^{-\beta x}, & 0 < x < a \\ De^{ikx} + Fe^{-ikx}, & x \geqslant a \end{cases}$$

式中：A、R、B、C、D、F 均为任意叠加系数。

如图1.7 所示，可以分析各项的物理含义。区域 1 中的 A 系数对应的项代表了从左向右运动的粒子"源"。利用概率流的定义，从"源"发出的概率流为

$$j_A = \frac{\hbar}{m}\text{Im}(\psi^*\nabla\psi) = \frac{\hbar k}{m}|A|^2$$

同理，区域 1 中的 R 项对应的是从势垒反射回来的、从右向左运动的束流，对应的概率流为

$$j_R = \frac{\hbar k}{m}|R|^2$$

或许已经注意到，这里的入射波函数在无穷远处（$x = \pm\infty$）并不为零，这将影响波函数归一化问题。波函数如果不能归一化，就不能将波函数的模方解释为概率密度，这与统计解释矛

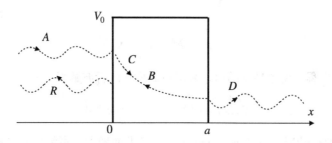

图 1.7　有限高方势垒中的波函数

盾。在实际问题中，有限高方势垒通常用于研究粒子束流从势垒一侧入射进入势场的情况，经过势垒作用后发生反射、穿透等效应。这是典型的一维"打靶"问题，通常设定粒子源位于左侧，束流从左向右射向靶。因此，对于入射波函数我们采取了另一种归一化到入射粒子流的方案，取入射系数 $A = 1$（或者将入射流 j_A 设置为单位"1"）。相比于固定范围运动粒子的总概率为 1 的归一化方式，这种归一化方案用于处理粒子束流的打靶过程更加实际和方便，并不会引起任何解释上的问题。

类似地，区域 3 中的 D 项对应的是经势垒作用后能穿透势垒、从左向右运动的透射束流，对应的概率流为

$$j_D = \frac{\hbar k}{m}|D|^2$$

F 项对应的是从右向左运动的束流，对应的概率流为

$$j_F = \frac{\hbar k}{m}|F|^2$$

由于我们设定了粒子源位于左侧，没有从 $x = +\infty$ 处射入势场的粒子束，因此取 $F = 0$。

反射流、透射流相对于入射流的比值代表了反射概率、透射概率

$$\rho_R = |j_R/j_A| = |R/A|^2$$
$$\rho_D = |j_D/j_A| = |D/A|^2$$

由于粒子经过势垒区域之后，要么发生反射，要么发生透射，因此，根据概率守恒，必定有

$$j_A = j_R + j_D$$

这个结论可以从波函数的连续性条件推导。在 $x = 0$ 和 $x = a$ 边界处，波函数的连续性条件要求为

$$\psi(0-) = \psi(0+) \Rightarrow A + R = B + C \tag{1.24}$$

$$\psi(a-) = \psi(a+) \Rightarrow \mathrm{i}k(A - R) = \beta(B - C) \tag{1.25}$$

波函数的导数的连续性条件要求

$$\psi'(0-) = \psi'(0+) \Rightarrow D\mathrm{e}^{\mathrm{i}ka} = B\mathrm{e}^{\beta a} + C\mathrm{e}^{-\beta a} \tag{1.26}$$

$$\psi'(a-) = \psi'(a+) \Rightarrow \mathrm{i}kD\mathrm{e}^{\mathrm{i}ka} = \beta B\mathrm{e}^{\beta a} - \beta C\mathrm{e}^{-\beta a} \tag{1.27}$$

对于给定的入射粒子能量 E, k 和 β 能够确定。入射系数 A 利用上面的归一化条件可取 $A=1$。因此，从 4 个连续性条件 (1.24)、(1.25)、(1.26)、(1.27) 可以解出系数 R、B、C、D，并进一步得到实验上关心的反射概率和透射概率。

在经典物理中，我们知道低于势垒能量的粒子不能穿透势垒。而在量子力学中，无论粒子能量多小，都有可能穿透势垒。经典与量子之间的矛盾能否能够统一自洽？我们需要分析 $E < V_0$ 时粒子在势垒内部具体发生的过程。在区域 2 波函数的解中，B 和 C 项分别对应了两种物理效应：指数式增强和指数式衰减。第二种效应表明在势场内部粒子的分布概率随着粒子束流进入势场的深度变化发生指数式衰减。由于 $\hbar$ 是一个微观小量，宏观上 $V_0 - E$ 的差别，能够引起极大的 β 值，从而造成指数式衰减效应非常显著，以至于在宏观小、微观大的穿透深度上，很难观测到粒子。在区域 3 中几乎观测不到透射概率 ρ_D。要发生可观测的透射，就需要 $V_0 - E$ 是 $\hbar$ 级别的微观小量，且势垒分布宽度 a 在微观尺度上也很小。考虑到粒子透射概率被指数式衰减的情况下，这种穿透势垒的隧道效应和经典的解释在实际观测时相一致，在实际的现象学观测上并没有任何矛盾。

势垒内部还有一项对应系数 B，对于从左往右传播的例子束流而言，它代表了指数式增强效应。为什么势垒会产生这样的增强效应呢？实际上，在势垒内部的任何一点，从左往右传播的粒子束流在势垒中的每一处都时刻受到势场的作用：一部分继续向右运动穿透势垒；另一部分被势场反射，反向传播。反向传播的粒子束，在未脱离势场时，如果沿着束流从左往右的方向看，恰恰就是指数式增强的。因此，增强效应是势垒内部反射效应造成的。物理分析告诉我们，势场内部的衰减效应一定是大于增强效应而起着支配作用的。当势垒分布范围越宽（a 越大），能量差 $V_0 - E$ 越大时，B 项对应的增强效应将大大降低，甚至可以略去，这也是半经典近似方法（Wenzel-Kramers-Brillouin 近似）处理势场内部运动时所采用的思路。

习题 1.9

证明反射概率与透射概率的和等于 1。

习题 1.10

粒子处在宽度为 a 的有限深的方势阱中，势场

$$V(x) = \begin{cases} 0 & x < -a/2 \\ -V_0 & -a/2 \leqslant x \leqslant a/2 \\ 0 & a/2 < x \end{cases}$$

式中：$V_0 > 0$。求解 $E < V_0$ 的束缚态波函数，并作图分析束缚态能级。对比无限深方势阱中的解，说明两者波函数在分布特征上的异同。

1.7.2 自由粒子

当势场处处为零时，粒子可以不受限制地分布在整个空间。自有粒子是理解微观粒子波粒二象性的典型范例。本节将从求解自由粒子 Schrödinger 方程入手，讨论波函数的归一化问题，并展示自由粒子波函数的演化。

当势场 $V(x)$ 处处为零时，粒子的 Schrödinger 方程能够写成

$$-\frac{\hbar^2}{2m}\frac{\mathrm{d}^2}{\mathrm{d}x^2}\psi = E\psi$$

或

$$\frac{\mathrm{d}^2\psi}{\mathrm{d}x^2} = -k^2\psi$$

其中，$k = \sqrt{2mE}/\hbar$。求解可得

$$\psi_1 = \mathrm{e}^{\mathrm{i}kx}, \quad \psi_2 = \mathrm{e}^{-\mathrm{i}kx} \tag{1.28}$$

这组解也是动量算符的本征态

$$\hat{p}\psi_1 = -\mathrm{i}\hbar\frac{\partial}{\partial x}\psi_1 = +\hbar k\psi_1$$

$$\hat{p}\psi_2 = -\mathrm{i}\hbar\frac{\partial}{\partial x}\psi_2 = -\hbar k\psi_2$$

对应的动量本征值分别为 $\pm\hbar k$。

对比无限深方势阱的情况，尽管两种势场中解的形式相同，但无限深方势阱由于受到势场边界处的波函数的连续性要求，粒子被束缚在势阱内，形成量子化的能级。自由粒子势场不存在边界，波函数不受连续性的要求。因此，自由粒子的 k 取值不受限制，能量 E 可以取连续的值。

在全空间分布的自由粒子也使得波函数不满足模方可积的要求。式（1.28）可以将 k 的取值范围从正数扩展到全部实数，ψ_1 和 ψ_2 可以用如下形式统一表示为

$$\psi_k = \mathrm{e}^{\mathrm{i}kx}, \quad k = \pm\sqrt{2mE}/\hbar \tag{1.29}$$

式中：ψ_k 的下标用于标记量子数 k[①]。在全空间对波函数的模方积分为

$$\int_{-\infty}^{+\infty}|\psi|^2\mathrm{d}x = \int_{-\infty}^{+\infty}\mathrm{d}x = \infty$$

这表明自由粒子波函数不满足模方可积的要求。从物理的角度，波函数的模方可积是统计解释的要求，不满足可积性要求的波函数不能被解释为概率幅。这意味着自由粒子的波函数（1.29）不对应物理上真实的粒子状态。

那么是 Schrödinger 方程应用于自由粒子失效了吗？我们知道 Schrödinger 方程的提出在历史上尽管是一个假设，但其背后有着基于物质波的物理基础，以波动形式建立的能量守恒关系即 Schrödinger 方程。

---

① 由于 k 取连续的值，也常用函数形式的 $\psi(k)$ 标记，即 $\psi_k = \psi(k)$。

那么是统计解释需要修正吗？Schrödinger 方程的解通过统计解释和概率观测结果建立了联系。统计解释能很好地符合氢原子定态轨道的位置，得到了光谱学实验的有力检验。

解决自由粒子波函数归一化问题还需要从 Schrödinger 方程解的结构入手。定态 Schrödinger 方程的解对应于能量本征值 E_n，不同能量本征态的线性叠加构成方程的通解，即

$$\psi = \sum_n c_n \psi_n \tag{1.30}$$

根据上面的思路，自由粒子的通解是不同波矢量 k 对应的波函数的线性叠加。由于 k 可取连续的值，上式中对量子数 n 的求和应该改为对不同 k 的积分，即

$$\Psi = \frac{1}{\sqrt{2\pi}} \int_{-\infty}^{+\infty} \phi(k)\psi_k \mathrm{d}k = \frac{1}{\sqrt{2\pi}} \int_{-\infty}^{+\infty} \phi(k)\mathrm{e}^{\mathrm{i}kx}\mathrm{d}k \tag{1.31}$$

这里叠加系数记为 $\phi(k)$，用函数形式表示对连续量子数 k 的依赖关系。上式右边的系数 $\frac{1}{\sqrt{2\pi}}$ 是为了后面选择归一化条件方便而引入的。式（1.31）作为 Schrödinger 方程通解，是否能够满足模方可积的要求呢？计算积分

$$\begin{aligned}
\int_{-\infty}^{+\infty} \Psi^*\Psi \mathrm{d}x &= \frac{1}{2\pi} \int_{-\infty}^{+\infty} \left[\int_{-\infty}^{+\infty} \phi^*(k)\mathrm{e}^{-\mathrm{i}kx}\mathrm{d}k \int_{-\infty}^{+\infty} \phi(k')\mathrm{e}^{\mathrm{i}k'x}\mathrm{d}k' \right] \mathrm{d}x \\
&= \frac{1}{2\pi} \int_{-\infty}^{+\infty} \mathrm{d}k \int_{-\infty}^{+\infty} \mathrm{d}k' \phi^*(k)\phi(k') \int_{-\infty}^{+\infty} \left[\mathrm{e}^{-\mathrm{i}(k-k')x} \right] \mathrm{d}x \\
&= \int_{-\infty}^{+\infty} \mathrm{d}k \int_{-\infty}^{+\infty} \mathrm{d}k' \phi^*(k)\phi(k')\delta(k-k') \\
&= \int_{-\infty}^{+\infty} \mathrm{d}k |\phi(k)|^2
\end{aligned}$$

上面的计算中用到了 $\delta(x)$ 的性质：

$$\frac{1}{2\pi} \int_{-\infty}^{+\infty} \mathrm{e}^{-\mathrm{i}(k-k')x}\mathrm{d}x = \delta(k-k')$$

$$\int_{-\infty}^{+\infty} f(x)\delta(x-x_0) = f(x_0)$$

这个结果表明，如果适当选取不同动量（或波矢量）平面波的叠加系数 $\phi(k)$，使得积分 $\int_{-\infty}^{+\infty} \mathrm{d}k|\phi(k)|^2$ 收敛，则通解式（1.31）能够满足模方可积的要求，可以用于描述自由粒子。

从量子力学出发对自由粒子的认识与经典物理有显著的不同。在经典物理中，自由粒子的动量守恒，对应单色平面波；而在量子力学中，单色平面波不符合统计解释的要求。能描述自由粒子的波函数是单色平面波的叠加，这意味着不存在自由的单色平面波。实际上，这样的解释体现的是微观运动的波粒二象性本质。

下面我们分析自由粒子的演化例子。假设一个自由粒子在 $t=0$ 初始时刻平均分布在有限区间上

$$\Psi(x,0) = \begin{cases} A, & |x| \leqslant a \\ 0, & |x| > a \end{cases}$$

式中: 参数 a 表征粒子初始分布区域的大小。为了计算 t 时刻的波函数, 需要将 $\Psi(x,0)$ 分解为自由粒子能量本质态, 即单色平面波的叠加形式, 不同频率的分量按照对应的演化因子 $e^{-iE_k t/\hbar}$ 随时间演化。

首先对初始波函数进行归一化:

$$1 = A^2 \int\limits_{-\infty}^{+\infty} \Psi(x,0)^* \Psi(x,0)\mathrm{d}x = 2aA^2$$

取 $A = \frac{1}{\sqrt{2a}}$, 归一化后的波函数为

$$\Psi(x,0) = \frac{1}{\sqrt{2a}}, \quad |x| \leqslant a$$

然后计算式（1.31）中的叠加系数 $\phi(k)$。我们注意到, 式（1.31）正是数学上的傅里叶变换, 叠加系数 $\phi(k)$ 是波函数在动量空间（频域）的表达形式。根据傅里叶变换, 得

$$
\begin{aligned}
\phi(k) &= \frac{1}{\sqrt{2\pi}} \int\limits_{-\infty}^{+\infty} \Psi(x,0)e^{-ikx}\mathrm{d}x \\
&= \frac{1}{\sqrt{2\pi}\sqrt{2a}} \frac{e^{-ikx}}{-ik}\Big|_{-a}^{a} \\
&= \frac{1}{\sqrt{2\pi}\sqrt{2a}} \left(\frac{e^{ika} - e^{-ika}}{ik} \right) \\
&= \frac{1}{\sqrt{\pi a}} \frac{\sin ka}{k}
\end{aligned}
\tag{1.32}
$$

因此, $t = 0$ 时刻自由粒子的解表示为动量本质态的叠加

$$
\begin{aligned}
\Psi(x,0) &= \frac{1}{\sqrt{2\pi}} \int\limits_{-\infty}^{+\infty} \phi(k)e^{ikx}\mathrm{d}k \\
&= \frac{1}{\sqrt{2\pi}} \int\limits_{-\infty}^{+\infty} \frac{1}{\sqrt{\pi a}} \frac{\sin ka}{k} e^{ikx}\mathrm{d}k
\end{aligned}
$$

随着时间的演化, t 时刻的波函数为

$$\Psi(x,t) = \frac{1}{\sqrt{2\pi}} \int\limits_{-\infty}^{+\infty} \left(\frac{1}{\sqrt{\pi a}} \frac{\sin ka}{k} e^{ikx} \right) e^{-i\frac{\hbar k^2}{2m}t}\mathrm{d}k \tag{1.33}$$

式中: $e^{-iE_k t/\hbar}$。

为了看清自由粒子的演化, 考虑如下两种极限情况。

（1）$a \ll 1$。这种情况下, 粒子的初始范围趋近于一个 "点", 更像具有确定位置的经典粒子。这时各个动量在波函数中的占比, 可以用叠加系数 $\phi(k)$ 表示

$$\phi(k) = \frac{1}{\sqrt{\pi a}} \frac{\sin(ka)}{k} \to \sqrt{\frac{a}{\pi}}$$

上式表明当 $a \ll 1$ 时，$\phi(k)$ 趋于常数，即各动量的比重相同，并不是趋于特定的动量本征态。随着时间的演化，粒子的分布范围从初始的"点"扩展到整个空间，形成弥漫于整个空间的分布。

(2) $a \gg 1$。此时粒子从一个较大的分布范围开始演化，各动量的占比为

$$\phi(k) = \frac{1}{\sqrt{\pi a}} \frac{\sin(ka)}{k}$$

其最大值出现在 $k = 0$ 时，即动量 $p = 0$ 的分量占有最大的概率分布。

尽管分布于全空间的单色平面波并不能描述物理上真实的自由粒子，但由于单色平面波解的结构简单，数学处理较为方便，它常常用作散射问题的入射粒子源。因此，需要考虑单色平面波的归一化问题。

在数学上，两个不同动量的平面波的积分满足

$$\int\limits_{-\infty}^{+\infty} \psi_p^* \psi_{p'} \mathrm{d}x = \int\limits_{-\infty}^{+\infty} \mathrm{e}^{\frac{\mathrm{i}}{\hbar}(p-p')x} \mathrm{d}x$$
$$= 2\pi\hbar\delta(p - p')$$

取归一化系数为 $\frac{1}{\sqrt{2\pi\hbar}}$，单色平面波成为

$$\psi_p(x) = \frac{1}{\sqrt{2\pi\hbar}} \mathrm{e}^{\mathrm{i}\frac{p}{\hbar}x}$$

这里，用动量连续取值的单色平面波正交归一化条件

$$\int\limits_{-\infty}^{+\infty} \psi_p^*(x)\psi_{p'}(x)\mathrm{d}x = \delta(p - p')$$

代替离散波函数的传统归一化条件。

习题 1.11

　　验证式 (1.32) 中的叠加系数 $\phi(k)$ 满足

$$\int\limits_{-\infty}^{+\infty} \mathrm{d}k |\phi(k)|^2$$

收敛条件。

习题 1.12

　　根据式 (1.33) 中自由粒子在 t 时刻的波函数表达式，选择适当参数，设计计算程序，用图形表示波函数模方 $|\Psi(x,t)|^2$ 在不同时刻的分布。

1.7.3　δ 势

在物理中存在一类持续时间非常短、强度非常大，但总能量有限的过程。这种情况可以用数学上的特殊函数 δ 函数来描述。在量子力学中，δ 势在连续性条件方面表现出有别于其它势场的特点。

1. 数学上的 δ 函数

δ 函数在数学上可以定义为

$$\delta(x) = \begin{cases} \infty, & x = 0 \\ 0, & x \neq 0 \end{cases}$$

并且满足积分条件

$$\int_{-\infty}^{+\infty} \delta(x)\mathrm{d}x = 1$$

它在 $x = 0$ 点处存在无穷大的奇点，但积分收敛。利用 δ 函数能够描述点电荷的分布密度。假设在空间 $x = a$ 处存在电荷为 Q 的质点，则空间电荷分布密度为 $\rho(x) = Q\delta(x - a)$。

δ 函数可以由阶跃函数 $H(x)$

$$H(x) = \begin{cases} 0, & x < 0 \\ 1, & x \geqslant 0 \end{cases}$$

求导数得到

$$\delta(x) = \frac{\mathrm{d}H(x)}{\mathrm{d}t}$$

δ 函数也能够采用更常见的积分表达式定义为

$$\int_{-\infty}^{+\infty} f(x)\delta(x - a)\mathrm{d}x = \int_{-\infty}^{+\infty} f(a)\delta(x - a)\mathrm{d}x = f(a)$$

它从被积函数中抽取出函数奇点处的值。

一些具体函数的运算也给出了 δ 函数，量子力学中常用到的运算包括：

$$\delta(x) = \lim_{a \to 0^+} \frac{1}{a\sqrt{\pi}} \mathrm{e}^{-\frac{x^2}{a^2}} \tag{1.34}$$

$$\delta(x) = \lim_{a \to 0^+} \frac{1}{\pi} \frac{a}{a^2 + x^2} \tag{1.35}$$

$$\delta(x) = \lim_{k \to \infty} \frac{1}{\pi} \frac{\sin(kx)}{x} \tag{1.36}$$

$$\delta(x) = \lim_{k \to \infty} \frac{1}{2\pi} \frac{\sin^2(\frac{kx}{2})}{k(x/2)^2} \tag{1.37}$$

习题 1.13

式 (1.34)—(1.37) 右边表达式随着参数取极限的过程趋于 δ 函数。试利用计算软件绘图展示这些表达式的图形随参数的变换。

2. δ 势的求解

δ 势场分为势阱和势垒两类，我们主要以 δ 势阱为例进行讨论。最一般的 δ 势阱能够表示为

$$V(x) = -\alpha\delta(x)$$

式中：参数 α 为正实数。

对应的 Schrödinger 方程为

$$-\frac{\hbar^2}{2m}\frac{\mathrm{d}^2}{\mathrm{d}t^2}\psi(x) - \alpha\delta(x)\psi(x) = E\psi(x) \tag{1.38}$$

考虑到粒子能量存在 $E > 0$ 与 $E < 0$ 两种情况，需要分情况讨论。

（1）$E < 0$ 情况。在 $x \neq 0$ 的区域，势场 $V = 0$，Schrödinger 方程化为

$$\frac{\mathrm{d}^2}{\mathrm{d}t^2}\psi(x) = \kappa^2\psi(x)$$

式中：$\kappa = \frac{\sqrt{-2mE}}{\hbar}$。方程通解能够表示为

$$\psi = Ae^{-\kappa x} + Be^{+\kappa x}$$

当 $x < 0$ 时，上面通解的第一项在 $x = -\infty$ 处发散；类似地，当 $x > 0$ 时，通解的第二项在 $x = +\infty$ 处发散。因此，对应 $x \neq 0$ 的区域，波函数为

$$\psi(x) = \begin{cases} Be^{+\kappa x}, & x < 0 \\ Ae^{-\kappa x}, & x > 0 \end{cases}$$

在 $x = 0$ 点左右两侧，波函数应当保持连续

$$\lim_{x \to 0-}\psi(x) = \lim_{x \to 0-}Be^{+\kappa x} = B$$

$$\lim_{x \to 0+}\psi(x) = \lim_{x \to 0+}Ae^{-\kappa x} = A$$

因此，波函数的连续性条件要求 $A = B$。

物理上，概率流必须保持连续，否则粒子会在运动中消失或创生。概率流依赖于波函数及其导数，在前面我们已经提到，当势场不存在奇点的情况下，概率流连续条件等价于波函数 $\psi(x)$ 及其导数 $\psi'(x)$ 的连续性条件。由于 δ 势阱存在奇点，需要仔细讨论波函数导数 ψ' 的连续性。

在 $x = 0$ 的邻域里，对 Schrödinger 方程 (1.38) 积分

$$-\frac{\hbar^2}{2m}\int_{0-}^{0+}\frac{\mathrm{d}^2}{\mathrm{d}t^2}\psi(x)\mathrm{d}x + \left[-\alpha\int_{0-}^{0+}\delta(x)\psi(x)\mathrm{d}x\right] = E\int_{0-}^{0+}\psi(x)\mathrm{d}x$$

利用 $\delta(x)$ 函数性质，得

$$-\frac{\hbar^2}{2m}\left[\psi'(0^+) - \psi'(0^-)\right] - \alpha\psi(0) = E\left[\psi(0^+) - \psi(0^-)\right]$$

因为 $\psi(0^+) = \psi(0^-)$，故

$$\psi'(0^+) - \psi'(0^-) = -\frac{2m\alpha}{\hbar^2}\psi(0) \tag{1.39}$$

这表明在 δ 势阱的奇点 $x = 0$ 处，波函数的导数 ψ' 不连续。ψ' 的连续性条件式 (1.39) 是从 Schrödinger 方程出发得到的，并不依赖粒子能量 E，因此对 $E < 0$ 和 $E > 0$ 两种情况都适用。

将条件式 (1.39) 应用于波函数，可得 κ 满足关系

$$\kappa = \frac{m\alpha}{\hbar^2}$$

代入到能量关系式中，得

$$E = -\frac{\hbar^2\kappa^2}{2m} = -\frac{m\alpha^2}{2\hbar^2}$$

这个结论要求 δ 势阱中的粒子能量必须满足上式的条件，仅存在一个束缚能级符合要求。至此，已经求得了能量量子化条件。波函数中的系数 B 可以由归一化条件决定

$$\int_{-\infty}^{+\infty}|\psi|^2\,\mathrm{d}x = 2B^2\int_0^{+\infty}\mathrm{e}^{-2\kappa x}\,\mathrm{d}x = \frac{B^2}{\kappa}$$

即

$$B = \sqrt{\kappa} = \frac{\sqrt{m\alpha}}{\hbar}$$

$E < 0$ 时的波函数最终表示为

$$\psi(x) = \begin{cases} \sqrt{\kappa}\,\mathrm{e}^{+\kappa x}, & x < 0 \\ \sqrt{\kappa}\,\mathrm{e}^{-\kappa x}, & x > 0 \end{cases}$$

（2）$E > 0$ 情况。Schrödinger 方程可写为

$$\psi''(x) = -\frac{2mE}{\hbar^2}\psi = -k^2\psi$$

式中：$k = \sqrt{2mE}/\hbar$，解得

$$\psi(x) = \begin{cases} A\mathrm{e}^{\mathrm{i}kx} + B\mathrm{e}^{-\mathrm{i}kx}, & x < 0 \\ F\mathrm{e}^{\mathrm{i}kx} + G\mathrm{e}^{-\mathrm{i}kx}, & x > 0 \end{cases} \tag{1.40}$$

波函数在 $x = 0$ 点的连续性要求为

$$A + B = F + G \tag{1.41}$$

类似于有限高方势垒解的讨论，式 (1.40) 中 A 项对应于从左往右传播的粒子束流，是入射源；B 项对应受势阱作用，从右往左反射的束流；F 项为透射穿过势场从左往右传播的出射粒子束流；G 项则为从右往左传播的束流，对应从右侧入射的情况。通常选择从左侧入射，取 $G = 0$。

波函数导数 ψ' 在 $x = 0$ 需要满足关系式 (1.39)

$$\mathrm{i}k\big[(F - G) - (A - B)\big] = -\frac{2m\alpha}{\hbar^2}(A + B)$$

化简得

$$F - G = A(1 + 2\mathrm{i}\beta) - B(1 - 2\mathrm{i}\beta) \tag{1.42}$$

式中：参数 $\beta \equiv m\alpha/(\hbar^2 k)$。

联立两个连续性条件式 (1.41) 和式 (1.42)，将系数 B 和 F 表达为入射系数 A 的关系，得

$$B = \frac{\mathrm{i}\beta}{1 - \mathrm{i}\beta}A$$

$$F = \frac{1}{1 - \mathrm{i}\beta}A$$

进一步计算可以得到反射概率 R 和透射概率 T

$$R = \frac{|B|^2}{|A|^2} = \frac{\beta^2}{1 + \beta^2}$$

$$T = \frac{|F|^2}{|A|^2} = \frac{1}{1 + \beta^2}$$

显而易见地，反射概率 R 和透射概率 T 满足概率守恒的要求

$$R + T = 1$$

习题 1.14

满足 $V(x) = \alpha\delta(x)$ 的势场称为 δ 势垒。请推导 δ 势垒在奇点处波函数的连续性条件，并求解波函数。

1.7.4　一维简谐振子的解析解法

前面我们已经讨论了多种理想势场的波函数，本节将讨论一种在实际应用中更常见的势场——简谐振子势场。一维简谐振子势场常常用于研究粒子在平衡位置附近的运动情况。在数学上，任意连续势场在极小值点附近做级数展开的非平庸的领头阶效应即简谐振子势。假设 x_0 为局域稳定的平衡位置，满足 $V'(x_0) = 0$，如图1.8 所示。在 $x = x_0$ 点附近的邻域做级数展开

$$V(x) = V(x_0) + V'(x_0)(x - x_0) + \frac{1}{2}V''(x_0)(x - x_0)^2 + \cdots$$

第一项代表在 x_0 局域内的势能最小值，它可通过重新定义势能零点移除[①]，第二项 $V'(x_0)$ 在平衡点处消失。这样，第三项成为了领头阶。在 x_0 点处建立坐标系，可将简谐振子势场重新表达为

$$V(x) = \frac{1}{2}m\omega^2 x^2$$

---

① 在经典物理中势能的零点具有选择自由度，可通过势能重新定义任意标度。在量子电动力学中，零点能需要考虑真空极化效应中的发散，物理的真空是消除真空发散后剩余的有限部分，因此不能简单地用势能零点的重新选择进行移除。在粒子宇宙学中，真空零点能对应宇宙学常数项，与暗物质存在密切关系，具有实际的物理效应。

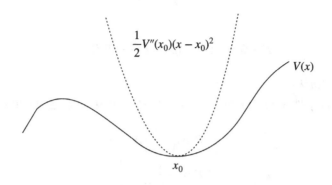

$$\frac{1}{2}V''(x_0)(x-x_0)^2$$

$$V(x)$$

$$x_0$$

图 1.8　势场在平衡位置的展开

在理论上，简谐振子势除过本节将要介绍的求解 Schrödinger 方程的解析解法外，还有另一种更常用的解法——升降算符解法。后一种方法具有更清晰的物理含义，是波函数二次量子化的基础，也更方便展示某些量子效应，我们将在第 2 章中介绍这种方法。

下面具体求解简谐振子势。定态 Schrödinger 方程为

$$-\frac{\hbar^2}{2m}\frac{\mathrm{d}^2\psi}{\mathrm{d}x^2}+\frac{1}{2}m\omega^2 x^2\psi = E\psi \tag{1.43}$$

由于势能部分依赖于坐标，导致方程的求解相比之前简单势场中的计算更为复杂。为了数学上求解的方便，引入新定义的参数

$$\xi = \sqrt{\frac{m\omega}{\hbar}}x$$

$$K = \frac{2E}{\hbar\omega}$$

这里重新定义的新参数在物理上的意义是：引入了无量纲化的坐标 ξ 和能量 K（能量 E 扣除单位能量量子 $\hbar\omega$ 再乘以 2）。利用新参数，方程式 (1.43) 重写为

$$\frac{\mathrm{d}^2\psi}{\mathrm{d}\xi^2} = (\xi^2 - K)\psi$$

尽管化简后的方程在数学上已有充分的研究，可以直接借用数学形式的解，但这里仍然有必要展示完整的求解过程，因为求解过程考虑了物理上的要求，能够清晰展示出能量量子化的物理背景，可以帮助理解波函数的形式与量子力学原理之间的关系。

先讨论 Schrödinger 方程在极限条件下解的结构。在 $x = \pm\infty$ 处，方程具有渐进形式

$$\frac{\mathrm{d}^2\psi}{\mathrm{d}\xi^2} \sim \xi^2\psi$$

对应的渐进解为

$$\psi(\xi) = Ae^{-\xi^2/2} + Be^{\xi^2/2}$$

显然，第二项在无穷远点处发散。我们知道，波函数的统计解释要求波函数在无穷远点必须为零，以保证波函数归一化的要求，因此必须取 $B = 0$。根据无穷远处的渐进行为，可以猜测波

函数具有如下因子化形式

$$\psi(\xi) = h(\xi)e^{-\xi^2/2} \tag{1.44}$$

这里 $h(\xi)$ 是任意函数。将上述猜测解代入 Schrödinger 方程，可得 $h(\xi)$ 满足微分方程

$$\frac{d^2 h}{d\xi^2} - 2\xi\frac{dh}{d\xi} + (K-1)h = 0$$

不失一般性，假设 $h(\xi)$ 具有幂级数展开的形式

$$h(\xi) = a_0 + a_1\xi + a_2\xi^2 + \cdots = \sum_{j=0}^{+\infty} a_j\xi^j$$

根据 $h(\xi)$ 满足的微分方程，利用 $h(\xi)$ 微分的幂级数表达式

$$\frac{dh}{d\xi} = a_1 + 2a_2\xi + 3a_3\xi^2 + \cdots$$
$$= \sum_{j=0}^{+\infty} ja_j\xi^{j-1}$$
$$\frac{d^2 h}{d\xi^2} = 2a_2 + 2\times 3a_3\xi + 3\times 4a_4\xi^2 + \cdots$$
$$= \sum_{j=0}^{+\infty} (j+1)(j+2)a_{j+2}\xi^j$$

可以计算出展开系数满足关系式

$$(j+1)(j+2)a_{j+2} - 2ja_j + (K-1)a_j = 0$$

或递推关系

$$a_{j+2} = \frac{(2j+1-K)}{(j+1)(j+2)}a_j \tag{1.45}$$

根据递推关系式 (1.45)，能够从两个初始化系数 a_0、a_1 计算出任意阶展开系数，进而得到 $h(\xi)$ 和波函数的表达式。

假设已知 a_0，根据递推公式，可得全部偶数项系数

$$a_2 = \frac{1-K}{2}a_0$$
$$a_4 = \frac{5-K}{12}a_2 = \frac{(5-K)(1-K)}{24}a_0$$
$$\cdots$$

而对于已知的 a_1，可得全部奇数项系数

$$a_3 = \frac{3-K}{6}a_1$$
$$a_5 = \frac{7-K}{20}a_3 = \frac{(7-K)(3-K)}{120}a_1$$
$$\cdots$$

因此，$h(\xi)$ 可以分解为奇函数 $h_{\text{odd}}(\xi)$ 和偶函数 $h_{\text{even}}(\xi)$ 的和

$$h(\xi) = h_{\text{odd}}(\xi) + h_{\text{even}}(\xi)$$

一维简谐振子的波函数由初始的 a_0、a_1 完全决定。那么如何知道这两个初始参数的值呢？首先，由于简谐振子势场是宇称反演对称的，波函数可以表达为具有确定宇称的奇函数 $h_{\text{odd}}(\xi)$ 或者偶函数 $h_{\text{even}}(\xi)$ 形式。这使得波函数仅依赖于 a_0 或 a_1 中的一个初始参量。其次，当选择了 $h_{\text{odd}}(\xi)$ 或 $h_{\text{even}}(\xi)$ 后，唯一的初始系数可由归一化条件确定。根据以上两点，递推关系式 (1.45) 实际上已经完全决定了 Schrödinger 方程的解。

然而，当解得了具有确定宇称的波函数时，还需要验证这个解是否满足归一化的要求。简谐振子势场在无穷远处区域无限高，在无穷远点处波函数必须为零才能保证波函数的模方可积性。在波函数式 (1.44) 中，$h(\xi)$ 在无穷远处的行为不能影响 $\mathrm{e}^{-\xi^2/2}$ 的渐进形式。

考查 $h(\xi)$ 幂级数的高阶行为。对于 j 很大时的情况，递推公式 (1.45) 具有近似形式

$$a_{j+2} \sim \frac{2}{j} a_j$$

或者表达为

$$a_j \sim \frac{C}{(j/2)!}$$

式中：C 为常数。函数 $h(\xi)$ 在 $\xi \to \pm\infty$ 具有如下敛散行为

$$h(\xi) \sim C \sum \frac{1}{(j/2)!} \xi^j \sim C\mathrm{e}^{\xi^2}$$

这是一个严重的发散，与波函数中的另一个压低因子 $\mathrm{e}^{-\frac{1}{2}\xi^2}$ 相乘后，波函数仍然表现出严重的指数式发散

$$\psi(\xi) = h(\xi)\mathrm{e}^{-\xi^2/2} \sim \mathrm{e}^{\xi^2/2}$$

物理上，不能接受这样的解作为描述粒子统计分布行为的波函数，它将导致粒子仅能分布在波函数无穷大的位置。如何才能避免这个发散呢？从数学上看，发散来源于构造波函数中的 $h(\xi)$ 在无穷远处的行为。仔细观察递推公式 (1.45)，可以发现如果参数 K 是一个奇数，那么递推系数在某一特定阶将会消失，使得无穷项的幂级数产生截断，不再存在发散问题。因此，假设

$$K = 2n + 1, \quad n = 0, 1, 2, 3, \cdots$$

$h(\xi)$ 成为有限项多项式，通常称 $h(\xi)$ 为厄米多项式（Hermite polynomial）。

这样，波函数发散的问题通过引入截断条件成果解决了。截断条件将自然数引入到物理观测结果中，导致简谐振子的能量量子化，即

$$E_n = \frac{\hbar\omega}{2}K = \left(n + \frac{1}{2}\right)\hbar\omega$$

本质上，这里的能量量子化条件与无限深方势阱中能量的量子化条件是完全一样的。无限深方势阱波函数在势阱边界处 ($x = 0$ 和 a) 的连续性要求产生了能量量子化；简谐振子则是将势场

边界移到了无穷远处 $(x = \pm\infty)$，无穷远边界处波函数消失的要求导致了能量量子化。它们背后的物理要求均来自波函数统计解释。

当 $n = 0$ 时，简谐振子具有最低的能量

$$E_0 = \frac{\hbar\omega}{2}$$

对应的状态 ψ_0 称为基态。简谐振子的基态能量并不为零。由于粒子已处在最低的能量状态，不能再向更低的能级产生跃迁，因此非零的基态能量没有任何可观测物理效应[①]。

$n = 1$ 时，E_1 在基态能量基础上增加 $\hbar\omega$，$\hbar\omega$ 是最小的能量量子单位

$$E_1 = \frac{\hbar\omega}{2} + \hbar\omega$$

相应的状态称为第一激发态。一般地，第 n 激发态的能量比基态增加了 n 个 $\hbar\omega$；相邻激发态之间的能量间隔相等，都是一个最小的能量量子单位 $\hbar\omega$，如图1.9 所示。

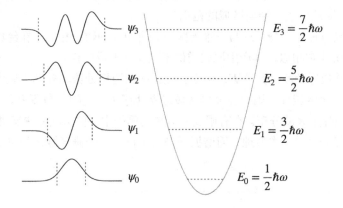

图 1.9　简谐振子的波函数图像

当同一个能级有多个独立的波函数与之对应时，我们称能级存在简并，独立波函数的数目称为该能级的简并度，记为 f_n。简谐振子每个能级仅有一个能量状态与之对应，简并度为

$$f_n = 1$$

下面我们讨论波函数的具体形式。基态波函数对应 $n = 0$，利用厄米多项式满足的递推公式

$$a_{j+2} = \frac{-2(n-j)}{(j+1)(j+2)}a_j$$

可知 $a_2 = a_4 = \cdots = 0$，偶数序列仅有 a_0 非零。由于波函数具有确定的宇称对称性，基态波函数是偶宇称态，奇数序列为零。基态波函数为

$$\psi_0 = a_0\mathrm{e}^{-\xi^2/2}$$

---

① 当考虑大量微观粒子组成的系统时，非零的基态能量在空间的积累将带来发散问题，因此需要移除简谐振子的零点能。在量子场论中，通过定义 Hamiltonian 量作为二次量子化的场算符的正规乘积的形式，可以移除零点能。

a_0 系数由归一化条件可得 $a_0 = \frac{m\omega^{1/4}}{\sqrt{2\pi\hbar}}$

重复上面的讨论，可以将一维简谐振子的波函数写成下面的形式

$$\psi_n(\xi) = \frac{m\omega}{\pi\hbar}^{1/4} \frac{1}{\sqrt{2^n n!}} H_n(\xi) e^{-\xi^2/2}$$

式中: $\xi = \sqrt{m\omega/\hbar}\, x$。$H_n(\xi)$ 为 Hermite 多项式，前几阶 $H_n(\xi)$ 的具体形式如下

$$H_0 = 1$$
$$H_1 = 2\xi$$
$$H_2 = 4\xi^2 - 2$$

图1.9 绘出了波函数的具体形式和能级。波函数的分布呈现出如下特点。

（1）经典区域随能级升高而变宽。对于能量为 E 的经典粒子，它在经典势场中被约束在 $V \leqslant E$ 的区域，这个区域称为经典区域。简谐振子随着能级升高，经典区域不断扩大（在图1.9 中左图，以断续线表示经典区域的范围）。

（2）经典区域内有 n 个峰。这与一维无限深势阱中峰的数目相同。在经典区域内的分布与一维无限深方势阱非常相似，其产生原因类似于驻波的形成条件。

（3）经典区域边界处波函数非零。由于在经典区域边界处势场并非无限大，简谐振子能穿透经典区域，遂穿至区域外，因此在经典区域边界处存在一定的分布概率。

（4）经典区域外呈衰减分布。在有限高方势垒的例子中，粒子能够遂穿进入 $V > E$ 的势垒区域，分布概率显著衰减。类似地，简谐振子势场中粒子在经典区域之外也呈现典型的衰减分布。

习题 1.15

利用递推公式（1.45），推导厄米多项式 H_5 的具体形式。

习题 1.16

计算处在谐振子 ψ_1 态的粒子的位置平均值 $\langle x \rangle$ 和偏差 σ_x，动量平均值 $\langle p \rangle$ 和偏差 σ_p。验证简谐振子基态满足最小不确定原理。

2

基本原理

　　随着近现代物理的发展，量子力学的逻辑框架得以从新的视角被重新审视。以 Schrödinger 为中心的现象学体系能够总结成由三条基本假设构成的理论体系。它将历史发展中各种散布的假设拼接为有机的整体，也使得量子力学能够以一个紧凑、优美的方式呈现并融入到现代物理学的框架中，成为更广泛意义上的量子理论的物理核心。微观运动展现出的普适性、一般性特征也得以在这套理论框架下得以展现。

2.1 Hilbert 空间中的矢量

2.1.1 线性空间中的波函数

我们已经知道，作为 Schrödinger 方程解的波函数具有如下性质：

(1) 如果 $\psi_1(x)$、$\psi_2(x)$ 满足 Schrödinger 方程的波函数，则它们的线性叠加 $c_1\psi_1 + c_2\psi_2$ 也是 Schrödinger 方程的解，这里 c_1、c_2 为任意复数；

(2) 波函数满足模方可积条件，$|\psi|^2 = \int_{-\infty}^{+\infty} \mathrm{d}x \psi^*\psi$ 是有限值，可以选择归一化条件使得重新标度后的波函数模方为 1。

此外，无限深方势阱波函数具有完备性，任意波函数 $\psi(x)$ 都能够用能量本征态波函数 $\psi_n(x)$ 线性展开

$$\psi(x) = c_1\psi_1 + c_2\psi_2 + \cdots = \sum_{n=1,2,\cdots} c_n\psi_n$$

式中：$n = 1, 2, \cdots$。波函数 ψ_n 还具有正交性，不同能量本征态的波函数积分为零

$$\int \mathrm{d}x \psi_m^*(x)\psi_n(x) = \delta_{mn}$$

简谐振子的能量本征态波函数 ψ_n（式中：$n = 0, 1, 2, \cdots$）也展现出同样的完备性和正交性。

这些性质表明波函数具有线性，是线性空间中的一个矢量，满足数乘和加法运算规则。这与我们熟知的欧氏空间中的矢量非常相似。在 n 维欧氏空间中，

(1) 假设 $\boldsymbol{\alpha}_1$、$\boldsymbol{\alpha}_2$ 为空间中的矢量，那么 $a_1\boldsymbol{\alpha}_1 + a_2\boldsymbol{\alpha}_2$ 也是欧氏空间中的矢量，这里 a_1、a_2 为任意实数；

(2) 矢量的大小，即矢量的模，可以定义为

$$|\boldsymbol{\alpha}_1| = \sqrt{\boldsymbol{\alpha}_1 \cdot \boldsymbol{\alpha}_1}$$

(3) 当选择了一组完备的基矢量 $\{\boldsymbol{e}_i, i = 1, 2, \cdots, n\}$ 后，任意矢量 $\boldsymbol{\alpha}$ 能在这组基上进行展开

$$\boldsymbol{\alpha} = \sum_i a_i \boldsymbol{e}_i$$

通常选择的基矢量满足正交性，即 $\boldsymbol{e}_i \cdot \boldsymbol{e}_j = \delta_{ij}$。

与 n 维欧氏空间不同之处在于，波函数所处的线性空间定义在复数域上，在矢量长度的定义，以及空间的维数方面都比实数域上的欧氏空间更为复杂。为此，我们需要定义新的标记方法来讨论复空间上的矢量。

2.1.2 复空间中的右矢

一般地，复空间中的矢量可以采用右半个尖括号来表示，即右矢 $|\alpha\rangle$。α 是矢量特征的描述。在物理上，右矢 $|\alpha\rangle$ 表示具有 α 所描述特征的物理状态，通常用特征物理量的值或量子数进行标记，例如：

(1) 处在位置 x 处的粒子状态，可以用右矢 $|x\rangle$ 表示，即位置取得 x 值的状态；

（2）$|p\rangle$ 表示动量取得 p 值的状态，即动量为 p 的态；

（3）一维简谐振子的能量本征态，可以标记为 $|n\rangle$，n 在这里表示能量为 E_n 的本征态 $\psi_n(x)$ 的量子数特征。

在经典物理中，通常我们用物理量的取值来直接表示研究对象的属性。例如，在某个特定时刻，粒子的位置为 x。这和采用状态 $|x\rangle$ 表示的方法没有区别。然而，对于多个量子数特征的状态，两种描述就不再相同了。如果一个状态具有多个量子数特征，量子力学用一组特征值来标记矢量。例如，力学量 A、B 分别对应观测值 a、b 的状态可以记为 $|a,b\rangle$。但在微观世界里，由于粒子具有波粒二象性的本质，位置和动量不能同时被准确测量，不存在位置和动量同时确定的状态，不能用 $|x,p\rangle$ 来表示。这不同于经典物理中粒子同时具有 x 和 p 的值的描述方式。因此，仅当 A、B 能够同时具有观测值时才能用 $|a,b\rangle$ 表示对应的状态。

欧氏空间中矢量的数乘和加法的线性运算可以类似地推广到复空间中。假设 $|\alpha_1\rangle$ 和 $|\alpha_2\rangle$ 为 n 维复空间中的两个右矢，它们的线性组合

$$c_1\,|\,\alpha_1\rangle + c_2\,|\,\alpha_2\rangle$$

也是这个空间中的右矢。

在 n 维欧氏空间中，可以选择一组最大线性无关的矢量作为基矢量，空间中的任意一个矢量都能够用基矢量线性展开。复空间中也有类似的性质：选择一套正交完备的右矢 $\{|i\rangle,\ i=1,2,\cdots,n\}$ 作为基矢量，任意一个右矢 $|\alpha\rangle$ 能够在这组基矢上表示为线性叠加的形式

$$|\alpha\rangle = c_1\,|\,1\rangle + c_2\,|\,2\rangle + \cdots + c_n\,|\,n\rangle$$

在 n 维欧氏空间中，可以用具体的一列矩阵来表示空间中的矢量 α。这种矩阵表示方法也能够推广到复空间中。如果 $|\alpha_1\rangle$ 和 $|\alpha_2\rangle$ 为 n 维复空间中的一组正交完备的右矢，给这组基矢量分配如下的列矩阵

$$|i\rangle = \begin{pmatrix} 0 \\ \vdots \\ 0 \\ 1 \\ 0 \\ \vdots \\ 0 \end{pmatrix}$$

即第 i 行为 1 的单位列矢量，这样就能够用列矩阵来表示右矢，任意右矢 $|\alpha\rangle$ 可以在这组基上展开为

$$|\alpha\rangle = c_1 \begin{pmatrix} 1 \\ 0 \\ \vdots \\ 0 \end{pmatrix} + c_2 \begin{pmatrix} 0 \\ 1 \\ \vdots \\ 0 \end{pmatrix} + \cdots + c_n \begin{pmatrix} 0 \\ 0 \\ \vdots \\ 1 \end{pmatrix} = \begin{pmatrix} c_1 \\ c_2 \\ \vdots \\ c_n \end{pmatrix}$$

因此，在这组选定的基上，右矢 $|\alpha\rangle$ 可以用列矢量 $(c_1,c_2,\cdots,c_n)^{\mathrm{T}}$ 来表示。

2.1.3 内积与左矢

在欧氏空间中，矢量的模 $|\alpha| = \alpha \cdot \alpha = \sum_i a_i^2$ 是正定的实数。在复矢量空间，由于矢量的各分量为复数 c_i，$\sum_i c_i^2$ 不再保持正定。因此，需要重新定义复矢量的模。由于 $c_i^* c_i$ 是非负实数，可以将右矢 $|\alpha\rangle$ 的模方定义为

$$\big| \, |\alpha\rangle \big|^2 = \sum_i c_i^* c_i = (c_1^*, c_2^*, \cdots, c_n^*) \begin{pmatrix} c_1 \\ c_2 \\ \vdots \\ c_n \end{pmatrix}$$

为此，需要引入行矢量 $(c_1^*, c_2^*, \cdots, c_n^*)$ 的标记。我们用左半边尖括号 $\langle\alpha|$ 表示与右矢 $|\alpha\rangle$ 对应的转置共轭矢量，即左矢

$$\langle\alpha| = \big(\, |\alpha\rangle^* \big)^{\mathrm{T}} = \big(\, |\alpha\rangle \big)^\dagger = (c_1^*, c_2^*, \cdots, c_n^*) = \begin{pmatrix} c_1 \\ c_2 \\ \vdots \\ c_n \end{pmatrix}^\dagger$$

上面的 $\dagger$ 表示复共轭和转置联合变换，称为厄米共轭（Hermitian Conjugation）。利用左矢，可以将 $|\alpha\rangle$ 的模方简写成 $\langle\alpha||\alpha\rangle \equiv \langle\alpha|\alpha\rangle$。通常将更一般的左矢 $\langle\beta|$ 与右矢 $|\alpha\rangle$ 的这种乘积形式称为内积，记作 $\langle\beta|\alpha\rangle$。

2.1.4 Hilbert 空间

那么，作为 Schrödinger 方程解的波函数与复空间中的右矢有何联系呢？

量子力学的第一条基本假设回答了这个问题，具体可以表述为：

> **基本假设 1**
>
> 微观粒子所处的物理状态由 Hilbert 空间中的矢量描述。

此处出现了一个新的概念，Hilbert 空间，简言之，它由复空间中的右矢构成，是一个定义了内积的复的线性空间[①]。

相比 n 维欧几里得空间，其不同之处体现在以下几个方面。

（1）Hilbert 空间可以是有限维或无限维空间。无限深方势阱中的粒子能量具有无穷多个可能的取值，量子化波函数构成了无限维 Hibert 空间中的基矢量。简谐振子势也具有类似的性质，它们都是无限维空间的例子。

（2）Hilbert 空间可以是分立维度或者连续维度，甚至两者兼而有之。如果考虑粒子处在有限深方势阱中，当能量 $E < 0$ 时，求解 Schrödinger 方程可知能量具有有限个量子化的取值，存在有限个允许的能量波函数。这些能量量子化的波函数构成分立维度的 Hilbert 空间基

---

① 左矢是右矢的厄米共轭矢量，不在 Hilbert 空间中，不代表物理的状态。

矢量。当粒子能量 $E > 0$ 时，有限深势阱的能量可取连续的值，并不出现量子化特征。此时，不同的能量波函数构成连续维度的 Hilbert 空间的基。将离散的束缚态能级和连续的散射态能量统一考虑，这些波函数就构成了 Hilbert 空间的完备基。它既包括连续维度，又包括离散维度。

（3）Hilbert 空间中的矢量必须满足模方可积的性质（具有确定的内积），不能发散。这是统计解释的基础。在自由平面波的例子中，单色平面波不能够归一化，不满足模方可积的性质。由于波函数需要归一化，因此，Hilbert 空间中矢量的模由归一化确定，只有矢量的"方向"具有物理的含义，代表物理状态。

2.1.5 波函数与 Dirac 记号

波函数作为 Schrödinger 方程的解，与 Hilbert 空间中的右矢对应。在波函数构成的复空间中，为了计算方便，还需要引入波函数的复共轭 ψ^*（complex conjugation，简记为 c.c.）

$$\psi(x) \xleftrightarrow{\text{c.c.}} \psi^*(x)$$

需要注意，ψ^* 并不满足 Schrödinger 方程，而是满足 Schrödinger 方程的复共轭形式

$$-\mathrm{i}\hbar\frac{\partial}{\partial t}\psi^* = -\frac{\hbar^2}{2m}\frac{\partial^2}{\partial x^2}\psi^* + V(x)\psi^*$$

ψ^* 在物理观测中具有如下应用：

（1）粒子出现在空间 x 处的概率密度 $\rho \propto \psi^*\psi\mathrm{d}x$；

（2）可观测量 $\hat{A}$ 的平均值 $\langle\hat{A}\rangle = \int \mathrm{d}x\psi^*\hat{A}\psi$。

这提示我们 $\psi(x)$ 和 $\psi^*(x)$ 的地位并不相同，ψ^* 的一个重要特点是使 $\psi^*\psi$ 成为能够表达概率密度 ρ 的正定的数，它对应的正是 Hilbert 空间中右矢的复共轭，即左矢 $\langle\alpha|$。

现在，与波函数相关的运算都可以用左矢和右矢来表示。这种把左矢、右矢标记为 $\langle\alpha|$、$|\alpha\rangle$ 形式的符号，称为 Dirac（狄拉克）记号（Dirac notation，左矢和右矢分别称为 bra 和 ket）。它简洁地表示波函数所描述的物理状态的抽象含义。例如，概率密度能够表示为

$$\int \mathrm{d}x\psi^*_\alpha(x)\psi_\alpha(x) = \langle\alpha \mid \alpha\rangle$$

更一般地，可以将波函数 $\psi_\alpha(x)$ 与 $\psi_\beta(x)$ 的积分表达式表示为内积形式

$$\int \mathrm{d}x\psi^*_\beta(x)\psi_\alpha(x) = \langle\beta \mid \alpha\rangle$$

在线性空间，矢量内积是一个行矢量与列矢量相乘得到的数

$$\langle\beta \mid \alpha\rangle = (c^*_{\beta,1}, c^*_{\beta,2}, \cdots)\begin{pmatrix} c_{\alpha,1} \\ c_{\alpha,2} \\ \vdots \end{pmatrix} = \sum_i c^i_{\beta,i}c_{\alpha,i}$$

借助左矢和右矢，动量算符在 $|\alpha\rangle$ 态上的平均值能够表示为

$$\langle\hat{p}\rangle \equiv \langle\alpha \mid \hat{p} \mid \alpha\rangle = \int \mathrm{d}x\psi^*_\alpha(x)\hat{p}\psi_\alpha(x) = \langle\alpha|\hat{p}|\alpha\rangle$$

任意算符 $\hat{A}$ 在 $|\alpha\rangle$ 态上的平均值能够表示为

$$\langle\hat{A}\rangle \equiv \langle\alpha \mid \hat{A} \mid \alpha\rangle = \int \mathrm{d}x\psi_\alpha^*(x)\hat{A}\psi_\alpha(x)$$

波函数的正交关系能够用 Dirac 记号表示为

$$\int \mathrm{d}x\psi_j^*(x)\psi_i(x) = \langle i \mid j\rangle = \delta_{ij}$$

以简谐振子为例，能量为 E_i 的本征波函数为 $\psi_i(x)$，它构成一套完备的正交基 $\{\psi_i, i = 0, 1, 2, \cdots\}$。任意一个物理的状态 $\psi_\alpha(x)$ 按照 Schrödinger 方程通解的结构可以表示为 ψ_i 的线性叠加

$$\psi_\alpha = \sum_i c_i\psi_i$$

叠加系数可根据波函数的正交性关系 $\int \mathrm{d}x\psi_i^*(x)\psi_j(x) = \delta_{ij}$ 计算

$$c_i = \int \mathrm{d}x\psi_i^*\psi_\alpha$$

现在用 Dirac 记号表示上面的公式。能量本征态波函数记为 $|i\rangle$，任意一个物理的状态 $|\alpha\rangle$ 能够表示为

$$|\alpha\rangle = \sum_i c_i \mid i\rangle \tag{2.1}$$

式中：叠加系数为 $c_i = \langle i \mid \alpha\rangle$。将系数 c_i 代回到式 (2.1)，可得

$$|\alpha\rangle = \sum_i \langle i \mid \alpha\rangle \mid i\rangle \tag{2.2}$$

由于内积 $\langle i \mid \alpha\rangle$ 是数，可与 $|i\rangle$ 交换位置，写成

$$|\alpha\rangle = \sum_i \mid i\rangle\langle i \parallel \alpha\rangle \tag{2.3}$$

从上面的表达式可以看出：

（1）$|i\rangle\langle i|$ 在线性空间中是一个列矢量乘以行矢量所得的矩阵

$$|i\rangle\langle i| = \begin{pmatrix} 0 \\ \vdots \\ 0 \\ 1 \\ 0 \\ \vdots \\ 0 \end{pmatrix}\left(0, \cdots, 0, 1, 0, \cdots, 0\right) = \begin{pmatrix} 0 & & & & & & \\ & \ddots & & & & & \\ & & 0 & & & & \\ & & & 1 & & & \\ & & & & 0 & & \\ & & & & & \ddots & \\ & & & & & & 0 \end{pmatrix}$$

这是第 i 维的投影算符，记为 P_i。P_i 能提取出右矢 $|\alpha\rangle$ 在第 i 维上的分解系数 c_i

$$P_i \mid \alpha\rangle = c_i \mid \alpha\rangle$$

（2）式 (2.3) 右侧只有 $|i\rangle\langle i|$ 与求和有关，因此，必然有

$$\sum_i |i\rangle\langle i| = 1$$

这被称为完备性关系，即

$$\sum_i P_i = 1$$

这里的 "1" 指单位矩阵。

内积的性质可以用 Dirac 记号表示为

$$\langle \beta \mid \alpha \rangle = \langle \beta \| \alpha \rangle = (\langle \alpha \mid \beta \rangle)^*$$

$$(a \mid \alpha \rangle)^\dagger = a^* \langle \alpha \mid$$

$$\langle \alpha \mid \alpha \rangle \geqslant 0$$

$$\langle \gamma \mid (a \mid \alpha \rangle + b \mid \beta \rangle) = a\langle \gamma \mid \alpha \rangle + b\langle \gamma \mid \alpha \rangle$$

电子的自旋也能够用 Dirac 记号方便地表示。1896 年，Zeeman（塞曼）在导师 Lorentz（洛伦兹）的建议下，发现放置在磁场中的原子谱线产生了分裂，这个现象后来称为塞曼效应。洛伦兹将其归因于电子的磁矩。之后，Uhlenbeck（乌伦贝克）和 Goudsmit（古兹密特）在 1925 年根据对原子光谱实验结果的分析，提出电子具有一种内禀运动，即自旋，与之相联系的即自旋磁矩。电子的自旋不同于带电实体粒子的转动，而是一种量子效应。它在任何方向上的投影只能是 $+\hbar/2$ 或 $-\hbar/2$ 两个可能的值。通常将 z 方向的电子自旋的两个独立状态用 Dirac 记号 $|+\rangle$ 和 $|-\rangle$ 表示。$|\pm\rangle$ 构成自旋空间的两个完备的基矢量，任何自旋状态都能写为这两个状态的线性叠加

$$|\alpha\rangle = c_1 |+\rangle + c_2 |-\rangle$$

或许已经注意到一个细节，波函数满足的性质与 Hilbert 空间右矢的性质具有对应关系，但它们并不相等，两者只是对应关系，只能用

$$\psi_\alpha(x) \sim |\alpha\rangle$$

将两者联系起来。在线性空间中，右矢是一个列矢量，而波函数本质上是给定位置后的一个数，两者在线性空间中的数据结构也不相同。波函数与右矢之间严格的关系将在一般性的统计解释中详细讨论，我们也将看到采用 Dirac 记号的优点。

2.2 量子力学中的算符

在量子力学中，物理的状态用 Hilbert 空间中的矢量来描述，而承担物理量角色的是算符。幺正算符、厄米算符在物理上扮演了重要的角色，本节将讨论这些算符的性质。

2.2.1 变换与算符

物理的状态用 Hilbert 空间中的矢量来描述，当系统受到外加的影响，或随着时空发生改变时，描述物理的状态也随之改变。在数学上，能够使 Hilbert 空间矢量变为另一个矢量的变换由算符来实现。通常，算符 $\hat{Q}$ 能将态 $|\alpha\rangle$ 变换为一个新的态 $|\beta\rangle$，即

$$\hat{Q}|\alpha\rangle = |\beta\rangle$$

如果算符 $\hat{Q}$ 作用于线性叠加态 $a|\alpha\rangle + b|\beta\rangle$ 时满足如下关系

$$\hat{Q}\left(a|\alpha\rangle + b|\beta\rangle\right) = a\hat{Q}|\alpha\rangle + b\hat{Q}|\beta\rangle$$

则称 $\hat{Q}$ 为线性算符。位置算符 $\hat{x}$、动量算符 $\hat{p}$ 都是线性算符。

如果存在一个矢量 $|\alpha\rangle$ 受算符作用后满足

$$\hat{Q}|\alpha\rangle = q|\alpha\rangle$$

式中：q 是数，则称 $|\alpha\rangle$ 为算符 $\hat{Q}$ 的本征值，对应的本征值为 q。通常本征态采用本征值来标记，即用 $|q\rangle$ 代替上式中的 $|\alpha\rangle$，表示本征值为 q 的本征态，即

$$\hat{Q}|q\rangle = q|q\rangle$$

$q = 0$ 是一个平庸的情况，通常情况下 0 不被当作算符的本征值。算符 $\hat{Q}$ 的全部本征值构成的集合，称为本征值谱（spectrum）或简称为谱。本征值谱可以是分立的值或连续的值，也可以两种兼而有之。如简谐振子的能量谱为分立谱

$$\left\{\frac{1}{2}\hbar\omega, \frac{3}{2}\hbar\omega, \frac{5}{2}\hbar\omega, \frac{7}{2}\hbar\omega, \cdots\right\}$$

有限高方势垒的能量谱为 $E > 0$ 的连续谱。δ 势阱的能量谱包括一个分立的束缚态和 $E > 0$ 的连续谱。

当体系处在算符 $\hat{Q}$ 的本征态 $|q\rangle$ 时，可能存在多个不同的态对应同一个本征值，称这种情况为简并。例如，自由粒子动量大小为 p，传播方向相反的两个态为 $|p\rangle$ 和 $|-p\rangle$，它们对应相同的能量 $E = p^2/(2m)$，此时 $|p\rangle$ 和 $|-p\rangle$ 是关于能量简并的态。独立简并态的数目，称为简并度。

2.2.2 算符的矩阵表示

在选择了基矢的线性空间中，Hilbert 空间的矢量可以用一个列矢量来表示。算符将一个列矢量变换到另一个列矢量，因此，算符在线性空间可以用矩阵表示。

假设 $\{|i\rangle, i = 1, 2, \cdots\}$ 为一组正交完备的基矢量，Hilbert 空间的矢量 $|\alpha\rangle$ 能够表示成基矢量的线性叠加形式

$$|\alpha\rangle = \sum_i a_i |e_i\rangle$$

算符 $\hat{Q}$ 作用在 $|\alpha\rangle$ 上，将其变化为另一个矢量 $|\beta\rangle$，在同样的基矢上，$|\beta\rangle$ 能够展开为

$$|\beta\rangle = \sum_i b_i |e_i\rangle$$

因此，

$$\sum_i b_i |e_i\rangle = \sum_j a_j \hat{Q} |e_j\rangle$$

在上式右边插入完备性关系 $\sum_k |k\rangle\langle k| = 1$，得

$$\sum_i b_i |e_i\rangle = \sum_j a_j \sum_k |e_k\rangle\langle e_k| \hat{Q} |e_j\rangle$$

由于 $\hat{Q} |e_j\rangle$ 是一个新的列矢量，故行矢量 $\langle e_k|$ 与列矢量的乘积 $\langle e_k| \hat{Q} |e_j\rangle$ 在线性空间是一个数。利用基矢的正交性 $\langle e_i | e_j\rangle = \delta_{ij}$，上式两边左乘左矢量 $\langle e_i|$，得

$$b_i = \sum_j \langle e_i| \hat{Q} |e_j\rangle a_j$$

记 $\langle e_i| \hat{Q} |e_j\rangle \equiv Q_{ij}$，上式写为

$$b_i = \sum_j Q_{ij} a_j$$

这是矢量 $|\alpha\rangle$ 和 $|\beta\rangle$ 展开系数之间的变换关系。如果在线性空间中用矩阵来表达，上式为

$$\begin{pmatrix} b_1 \\ b_2 \\ \vdots \\ b_i \\ \vdots \end{pmatrix} = \begin{pmatrix} Q_{11} & Q_{12} & \cdots & Q_{1i} & \cdots \\ Q_{21} & Q_{22} & \cdots & Q_{2i} & \cdots \\ \vdots & \vdots & & \vdots & \\ Q_{i1} & Q_{i2} & \cdots & Q_{ij} & \cdots \\ \vdots & \vdots & & \vdots & \end{pmatrix} \begin{pmatrix} a_1 \\ a_2 \\ \vdots \\ a_j \\ \vdots \end{pmatrix}$$

我们看到 Q_{ij} 为算符 $\hat{Q}$ 的矩阵元，因此，Q_{ij} 称为算符 $\hat{Q}$ 的矩阵表示。

当选择的基矢恰好为算符 $\hat{Q}$ 的本征态时，

$$Q_{ij} = \langle q_i| Q |q_j\rangle = \langle q_i| q_j |q_j\rangle = q_i \delta_{ij}$$

这表明 $\hat{Q}$ 为对角矩阵的形式，仅对角元非零，且对角元的值为算符 $\hat{Q}$ 的本征态，即

$$\hat{Q} = \begin{pmatrix} q_1 & 0 & 0 & \cdots & 0 \\ 0 & q_2 & 0 & \cdots & 0 \\ 0 & 0 & q_i & & 0 \\ 0 & 0 & \cdots & \cdots & \cdots \end{pmatrix} = \text{diag}[q_1, q_2, \cdots, q_i, \cdots]$$

反过来，将任意矩阵对角化后，对角元就是算符的本征值，对角化的矩阵处在自身本征态为基矢的空间中。例如，在一个二维空间中，$|1\rangle$ 和 $|2\rangle$ 为基矢量

$$|1\rangle = \begin{pmatrix} 1 \\ 0 \end{pmatrix}, \quad |2\rangle = \begin{pmatrix} 0 \\ 1 \end{pmatrix}$$

这个空间中的任意一个矢量 $|\alpha\rangle$ 能够表示为 $|1\rangle$ 和 $|2\rangle$ 的线性叠加

$$|\alpha\rangle = a_1|1\rangle + a_2|2\rangle = \begin{pmatrix} a_1 \\ a_2 \end{pmatrix}$$

任意一个算符 $\hat{Q}$ 则能够在这个二维空间站表示为 2×2 的矩阵

$$\hat{Q} = \begin{pmatrix} a_{11} & a_{12} \\ a_{21} & a_{22} \end{pmatrix}$$

现在来讨论一个例子。假设某量子系统的 Hamiltonian 算符 $\hat{H}$ 具有如下形式

$$\hat{H} = \begin{pmatrix} h & g \\ g & h \end{pmatrix}$$

式中：h 和 g 为实数。由于这个矩阵并不是对角的形式，它表明 $|1\rangle$ 和 $|2\rangle$ 不是算符 $\hat{H}$ 的本征态。如何得到 $\hat{H}$ 的本征态和本征值呢？需要进行对角化：将 $\hat{H}$ 的矩阵表达式对角化后，对角元的值就是本征态，对应的态就是本征态在 $|1\rangle$、$|2\rangle$ 构成的空间中的表示。

利用线性代数的知识，可以求得这个矩阵的本征值有两个

$$E_+ = h + g, \quad E_- = h - g$$

对应的本征态为

$$|E_+\rangle = \frac{1}{\sqrt{2}}\begin{pmatrix} 1 \\ 1 \end{pmatrix}, \quad |E_-\rangle = \frac{1}{\sqrt{2}}\begin{pmatrix} 1 \\ -1 \end{pmatrix}$$

如果 $t = 0$ 时刻从初始的 $|1\rangle$ 开始演化，$|1\rangle$ 态可以表示为能量本征态 $|E_\pm\rangle$ 的线性叠加形式

$$|\alpha, 0\rangle = |1\rangle = \frac{1}{\sqrt{2}}\big(|E_+\rangle + |E_-\rangle\big)$$

在 t 时刻，体系的态为

$$\begin{aligned} |\alpha, t\rangle &= \frac{1}{\sqrt{2}}(\mathrm{e}^{-\mathrm{i}E_+t/\hbar}|E_+\rangle + \mathrm{e}^{-\mathrm{i}E_-t/\hbar}|E_-\rangle) \\ &= \mathrm{e}^{-\mathrm{i}ht/\hbar}\left(\cos\left(\frac{gt}{\hbar}\right), -\mathrm{i}\sin\left(\frac{gt}{\hbar}\right)\right)^{\mathrm{T}} \end{aligned}$$

此时，在态 $|\alpha, t\rangle$ 中发现 $|2\rangle$ 态的概率为

$$\left|\langle 2 | \alpha, t\rangle\right|^2 = \sin^2\left(\frac{gt}{\hbar}\right)$$

这个例子实际上是两个中微子（在粒子物理中称不同相互作用类型的中微子为不同"味道"）的振荡模型，从一个类型的中微子（定义为弱相互作用的规范态，并不是质量本征态）出发，经过一定时间的传播后，能振荡到另一个类型的中微子。

习题 2.1

假设在三维空间中，$|i\rangle$ 为选择的标准正交基矢

$$|1\rangle = \begin{pmatrix} 1 \\ 0 \\ 0 \end{pmatrix}, \quad |2\rangle = \begin{pmatrix} 0 \\ 1 \\ 0 \end{pmatrix}, \quad |3\rangle = \begin{pmatrix} 0 \\ 0 \\ 1 \end{pmatrix}$$

算符 $\hat{Q}$ 的矩阵表示为

$$\hat{Q} = \begin{pmatrix} 1 & 1+\delta_3 & 1+\delta_2 \\ 1+\delta_3 & 1 & 1+\delta_1 \\ 1+\delta_2 & 1+\delta_1 & 1 \end{pmatrix}$$

式中：δ_i 为实的小量。请计算算符 $\hat{Q}$ 的本征值，并在选定的基矢下表示各本征态。计算结果保留到 δ_i 的二阶。

2.2.3　物理变换与幺正算符

不同的物理状态在 Hilbert 空间用不同的矢量来标记，例如，初始时刻 $t = 0$ 的状态 $|\alpha, 0\rangle$ 和 t 时刻的状态 $|\alpha, t\rangle$。而将一个状态变换到另一个状态的任务是由算符来实现的。于是，算符的性质和物理变换的性质联系在了一起。那么，物理上我们需要关心哪些变换呢？这些变换又应该由怎样的算符来实现呢？

通常我们说某个研究对象具有一定的物理性质，可以用它的位置、动量、角动量等具体物理量描述。当把这些结果告诉另外一个观测者的时候，他看到的则是用不同的矢量来描述的，而两种不同的描述实际上是同一个物理对象。例如，后一个观测者处在相对运动的惯性坐标系中，他看到的物体的位置与我们所描述的并不一致。不同观测者在所建立的坐标系中描述同一个对象往往引起差异，这来源于两个观测者所选用的坐标系不同。数学上，两个坐标系之间可以通过一个变换联系起来。深入的研究告诉我们：两个物理体系之间是通过一个线性、幺正变换联系起来的。这正是 Wigner（维格纳）定理描述的内容[①]。

因此，在物理上，我们需要关心线性、幺正算符。幺正算符定义为

$$U^\dagger U = UU^\dagger = \mathbf{1}$$

黑体的 **1** 强调这是一个单位矩阵。在 U 变换下，第一个观测者看到的物理的态 $|\alpha\rangle$ 变成了第二个观测者看到的 $|\alpha'\rangle$

$$|\alpha\rangle \quad \longrightarrow \quad |\alpha'\rangle = U|\alpha\rangle$$

显然，两个态的内积在变换前和变换后保持不变

$$\langle \beta | \alpha \rangle \longrightarrow \langle \beta' | \alpha' \rangle = \langle U\beta | U\alpha \rangle = \langle \beta | U^\dagger U | \alpha \rangle = \langle \beta | \alpha \rangle$$

---

① Wigner 定理的严格表述：物理的变换要么是线性幺正变换，要么是反线性反幺正变换。反线性反幺正变换出现在时间反演变换中。对于反线性反幺正变换，它使得内积从 $\langle \beta | \alpha \rangle$ 变为 $\langle \alpha | \beta \rangle$。由于物理观测依赖于内积的模，因此反线性反幺正变换也保持物理观测结果不变。

因此，保持内积不变是幺正变换在物理上的重要作用。

物理的算符在幺正变换下形式改变。假设在第一个观测者的坐标系中，算符 $\hat{A}$ 是某个物理可观测量，$\hat{A}\mid\alpha\rangle$ 形成了一个新的物理状态。利用幺正变换，将这个新的状态变换到第二个观测者的坐标系中

$$\hat{A}\mid\alpha\rangle \longrightarrow U\left(\hat{A}\mid\alpha\rangle\right) = \left(U\hat{A}U^{\dagger}\right)\left(U\mid\alpha\rangle\right)$$

在最后一步中，我们插入了 $\mathbf{1}=U^{\dagger}U$。最后一项的 $U\mid\alpha\rangle$ 是 $\mid\alpha\rangle$ 态在第二个观测者坐标系中看到的形式，而 $U\hat{A}U^{\dagger}$ 是第二个观测者看到的可观测量 $\hat{A}$ 变换后的形式。因此，算符 $\hat{A}$ 在参考系变换时具有如下变换规则：

$$\hat{A} \longrightarrow U\hat{A}U^{\dagger}$$

多次物理变换可以用幺正算符的乘积表示。假设 U_1、U_2 是两个幺正变换，物理态在 U_1 变换下，变为 $U_1\mid\alpha\rangle$；再经过 U_2 变换，物理态变为 $U_2(U_1\mid\alpha\rangle)=U_2U_1\mid\alpha\rangle$。将两次变换合成，物理的态经过了复合变换 $U=(U_2U_1)$。显然，复合变换算符 U_2U_1 也必须是与物理变换相联系的一个幺正算符

$$(U_2U_1)^{\dagger}(U_2U_1)=U_1^{\dagger}U_2^{\dagger}U_2U_1=\mathbf{1}$$

这表示两个幺正算符的积仍然保持幺正性。

2.2.4 厄米共轭算符

任意算符的厄米共轭算符定义：如果算符 $\hat{Q}$ 作用于右矢 $\mid\alpha\rangle$ 态，再与左矢 $\langle\beta\mid$ 作内积，等于一个新的算符作用于左矢 $\langle\beta\mid$，再与右矢 $\mid\alpha\rangle$ 内积，则称这个新算符为 $\hat{Q}$ 的厄米共轭算符，记为 $\hat{Q}^{\dagger}$，即

$$\langle\beta\mid\hat{Q}\alpha\rangle=\langle\hat{Q}^{\dagger}\beta\mid\alpha\rangle$$

算符 $\hat{Q}^{\dagger}$ 作用在左矢 $\langle\beta\mid$ 可以定义为

$$\langle\hat{Q}^{\dagger}\beta\mid\equiv\left(\hat{Q}^{\dagger}\mid\beta\rangle\right)^{\dagger}$$

厄米共轭算符的定义也可以用波函数的形式表示为

$$\int \mathrm{d}x\psi(x)^{*}\hat{Q}\phi(x)=\int \mathrm{d}x\left(\hat{Q}^{\dagger}\psi(x)\right)^{*}\phi(x)$$

式中：$\psi(x)$、$\phi(x)$ 为任意波函数。例如，位置算符 $\hat{x}$ 满足

$$\int \mathrm{d}x\psi(x)^{*}\left(\hat{x}\psi(x)\right)=\int \mathrm{d}x\left(\hat{x}\psi(x)\right)^{*}\psi(x)$$

因此，$\hat{x}^{\dagger}=\hat{x}$。微分算符 $\frac{\mathrm{d}}{\mathrm{d}x}$ 满足关系

$$\int \mathrm{d}x\psi(x)^{*}\left(\frac{\mathrm{d}}{\mathrm{d}x}\phi(x)\right)=\int \mathrm{d}x\left\{\frac{\mathrm{d}}{\mathrm{d}x}\left[\psi(x)^{*}\phi(x)\right]+\left[-\frac{\mathrm{d}}{\mathrm{d}x}\psi(x)^{*}\right]\phi(x)\right\}$$
$$=\int \mathrm{d}x\left[-\frac{\mathrm{d}}{\mathrm{d}x}\psi(x)\right]^{*}\phi(x)$$

因此 $\left(\frac{\mathrm{d}}{\mathrm{d}x}\right)^{\dagger}=-\frac{\mathrm{d}}{\mathrm{d}x}$。

类似地，可知动量算符 $-\mathrm{i}\hbar\frac{\mathrm{d}}{\mathrm{d}x}$ 的厄米共轭算符是其自身。

> **习题 2.2**
>
> 证明: 算符 $i\frac{d}{dx}$ 的厄米共轭算符是其自身。

> **习题 2.3**
>
> 在三维球坐标中, 空间矢量可以用 (r,θ,ϕ) 来描述。(1) 计算算符 $\hat{Q}=i\frac{d}{d\phi}$ 的厄米共轭算符; (2) $\hat{Q}$ 是厄米算符吗? (3) 计算算符 $\hat{Q}$ 的本征值和本征函数, 并讨论简并度。

2.2.5 可观测量与厄米算符

物理上的直接观测量是力学量算符的本征值。如果体系处在任意一个状态, 测量物理量 $\hat{Q}$, 将以概率的方式得到算符 $\hat{Q}$ 本征值中的一个。多次测量的平均值可以用算符 $\hat{Q}$ 的平均值 $\langle\hat{Q}\rangle$ 表示。物理可观测量的性质要求平均值一定是一个实数。这将对算符 $\hat{Q}$ 的性质提出明确的要求。

假设体系的状态用 $|\alpha\rangle$ 表示, 根据平均值公式

$$\langle Q\rangle = \langle\alpha\mid Q\alpha\rangle$$

和厄米共轭算符的定义

$$\langle Q\rangle^* = \big(\langle\alpha\mid Q\alpha\rangle\big)^* = \langle Q\alpha\mid\alpha\rangle = \langle\alpha\mid Q^\dagger\alpha\rangle$$

可知, $\langle Q\rangle = \langle Q\rangle^*$ 要求

$$\hat{Q} = \hat{Q}^\dagger$$

即物理量 $\hat{Q}$ 的厄米共轭算符是其本身, 我们称这种自共轭的算符为厄米算符。

在数学上, 厄米算符有三条基本性质:

(1) 厄米算符的本征值为实数。假设 q 为厄米算符 $\hat{Q}$ 的本征值, 对应本征态记为 $|q\rangle$

$$Q\mid q\rangle = q\mid q\rangle$$

对上式两边同时做厄米共轭运算, 可得

$$\big(Q\mid q\rangle\big)^\dagger = \big(q\mid q\rangle\big)^\dagger = q^*\langle q\mid$$

又因为

$$\langle q\mid\hat{Q}q\rangle = \langle\hat{Q}^\dagger q\mid q\rangle = \langle Qq\mid q\rangle$$

因此

$$q\langle q\mid q\rangle = q^*\langle q\mid q\rangle$$

即 $q = q^*$, 本征值 q 为实数。

（2）厄米算符对应不同本征值的本征态是正交的。假设 q、q' 是厄米算符 $\hat{Q}$ 的两个不相等的本征值，对应的本征态分别记为 $|q\rangle$、$|q'\rangle$，由于

$$\langle q \mid Qq'\rangle = \langle Qq \mid q'\rangle$$

得

$$q'\langle q \mid q'\rangle = q^*\langle q \mid q'\rangle = q\langle q \mid q'\rangle$$

因为 $q \neq q'$ 且 $q^* = q$，故 $\langle q \mid q'\rangle = 0$。

（3）厄米算符的本征态构成一组完备集。数学上已证明了厄米算符的本征态构成的集合是完备的。这里的完备性指的是：如果选择完备集中的矢量作为基矢量，空间中任意的一个矢量能够用这组基矢量进行线性展开。在无限深方势阱中，哈密顿量是厄米算符，它的能量本征态构成完备集，势阱中粒子的任何一个状态都能表示成能量本征态的叠加。同样，简谐振子的能量本征态也是完备的。对于离散谱的情况，厄米算符本征态记为 $|q_i\rangle$，则完备性表示为

$$|\alpha\rangle = \sum_i c_i \mid q_i\rangle$$

对于连续谱情况，$\hat{Q}$ 也满足上面厄米算符的各性质。例如动量算符 $\hat{p}$，对应本征值为 p 的本征波函数为

$$\psi_p(x) = A\mathrm{e}^{\mathrm{i}px/\hbar}$$

考虑不同本征态的内积

$$\int_{-\infty}^{+\infty} \psi_{p'}^*(x)\psi_p(x)\mathrm{d}x = |A|^2 \int_{-\infty}^{+\infty} \mathrm{e}^{\mathrm{i}(p-p')x/\hbar}\mathrm{d}x = |A|^2 2\pi\hbar\delta(p-p')$$

令 $A = 1/\sqrt{2\pi\hbar}$，则上式归一化到 δ 函数为

$$\int_{-\infty}^{+\infty} \psi_{p'}^*(x)\psi_p(x)\mathrm{d}x = \delta(p-p')$$

这表明了不同本征值的波函数是正交的。对于任意的波函数 $\psi_\alpha(x)$，可将其在动量空间进行展开，即傅里叶变换

$$\psi_\alpha(x) = \int_{-\infty}^{+\infty} c(p)\psi_p(x)\mathrm{d}p = \frac{1}{\sqrt{2\pi\hbar}} \int_{-\infty}^{+\infty} c(p)\mathrm{e}^{\mathrm{i}px/\hbar}\mathrm{d}p$$

利用动量波函数的正交性关系，可以解得叠加系数 $c(p)$ 为

$$c(p) = \int_{-\infty}^{+\infty} \psi_p^*(x)\psi_\alpha(x)\mathrm{d}x$$

这表明了动量波函数构成完备基。

厄米算符与物理量之间的密切关系成为量子力学的第二条基本假设：

基本假设 2

厄米算符是物理量的候选者，物理量的测量值为厄米算符的本征值。

物理可观测量是实数，这与厄米算符实数本征值的性质对应。每次进行的测量总能得到一个结果，不可能测不到结果，这与厄米算符的本征态的完备性对应。任何物理状态都能表示为完备的本征态的线性叠加，测量后，体系塌缩到其中的一个本征态，体现为观测的结果为本征值。此外，物理测量的结果是排它的，当得到某观测结果时，也同时意味着测量值排斥其它结果，这与厄米算符不同本征态的正交性对应。因此，物理量的观测属性与厄米算符的性质之间一一对应。需要说明的是，即使如此，并非所用的厄米算符都是物理量，厄米算符仅仅是物理学的一个候选者。

现在，我们已经知道：物理的变换对应线性幺正算符[①]，物理可观测量则是厄米算符。因此，量子力学主要关心这两类算符。厄米算符与幺正变换之间还存在着密切的关系，我们将在对称性一节中再做进一步说明。

2.2.6 算符的对易关系

多个算符作用在态上，所得到新的态与算符的作用顺序有关。假设 F、G 为两个算符，通常情况下

$$FG \,|\, \alpha\rangle \neq GF \,|\, \alpha\rangle$$

为此，定义算符 F 与 G 的对易子

$$[F,G] \equiv FG - GF$$

当 $[F,G] = 0$ 时，称算符 F 与 G 对易，否则称 F 与 G 不对易。

例如，位置算符 x 与动量算符 $p = -\mathrm{i}\hbar\partial_x$ 的对易关系为

$$
\begin{aligned}
[x,p] &= [x, -\mathrm{i}\hbar\frac{\partial}{\partial x}] \\
&= -\mathrm{i}\hbar\left(x\frac{\partial}{\partial x} - \frac{\partial}{\partial x}x\right) \\
&= -\mathrm{i}\hbar\left(x\frac{\partial}{\partial x} - \left(\frac{\partial}{\partial x}x\right) - x\frac{\partial}{\partial x}\right) \\
&= -\mathrm{i}\hbar(-1) \\
&= \mathrm{i}\hbar
\end{aligned}
$$

即位置算符与动量算符不对易。上式推导中考虑到算符需要作用到物理的态上，在计算微分时用到的链式法则为

$$\frac{\partial}{\partial x}x = \left(\frac{\partial}{\partial x}x\right) + x\frac{\partial}{\partial x}$$

[①] 此处未考虑反线性反幺正算符。

两个相互对易的算符具有共同的本征态①。假设算符 F 与 G 对易，$[F,G]=0$，用 $|f\rangle$、$|g\rangle$ 分别标记 F、G 的本征态。对式 $F|f\rangle=f|f\rangle$ 两边作用算符 G，得

$$GF|f\rangle=fG|f\rangle$$

因为 $FG=GF$，上式化为

$$F\big(G|f\rangle\big)=f\big(G|f\rangle\big)$$

这表明新的态 $G|f\rangle$ 也是算符 F 的本征态，对应的本征值同样为 f。因此 $G|f\rangle$ 与 $|f\rangle$ 线性相关

$$G|f\rangle\propto|f\rangle$$

不失一般性，设比例系数为 g，即

$$G|f\rangle=g|f\rangle$$

这样，$|f\rangle$ 也是算符 G 对应于本征值为 g 的本征态，可以将 $|f\rangle$ 用 F、G 的共同量子数记为 $|f,g\rangle$。

相互对易的算符具有共同本征态表明存在物理的状态，使得算符 F 和 G 能够同时测量，或者说，同时取得确定的观测值。如果两个算符不对易，则它们不能同时取得确定的观测值。位置与动量的对易关系表明它们不能同时测量。这正是 Heisenberg 不确定原理的内容。

习题 2.4

证明对易关系满足如下运算规则：

$$[A,B]=-[B,A]$$
$$[A,bB]=b[A,B]$$
$$[A,B+C]=[A,B]+[A,C]$$
$$[A,BC]=[A,B]C+B[A,C]$$

习题 2.5

角动量算符为 $\boldsymbol{L}=(L_x,L_y,L_z)$ 各分类定义为

$$L_i=\mathrm{i}\epsilon_{ijk}x_jp_k$$

式中：$i,j,k=1,2,3$。x_i 和 p_i 为三维位置和动量算符，利用 $[x_i,p_j]=\mathrm{i}\hbar\delta_{ij}$ 计算角动量对易关系 $[L_i,L_j]$。

---

① 这里没有考虑到简并的情况。当存在简并时，能够在简并的子空间对简并态重新组合，使之具有共同本征态。

2.3　一般形式的不确定关系

1927 年 Heisenberg 提出了物理学的不确定原理，指出同时测量位置和动量，它们的不确定度乘积满足

$$\sigma_x \sigma_p \geqslant \hbar/2$$

之后，随着对量子力学认识的深入，Heisenberg 的不确定原理能从更基本的量子力学基本原理推导得到，并将位置、动量之间的关系推广到任意两个物理量，成为更广泛意义上的不确定关系。

为了推导方便，下面先给出三个引理。

引理 2.1： 任意的态 $| f \rangle$ 和 $| g \rangle$ 满足 Schwartz（施瓦兹）不等式

$$\langle f \mid f \rangle \langle g \mid g \rangle \geqslant |\langle g \mid f \rangle|^2$$

式中：λ 为任意数。

证明： 对于任意的两个函数 $f(x)$ 和 $g(x)$

$$\begin{aligned}
0 &\leqslant \int |f(x) - \lambda g(x)|^2 \mathrm{d}x \\
&= \int |f(x)|^2 \mathrm{d}x + \int |\lambda|^2 |g(x)|^2 \mathrm{d}x - \lambda^* \int g^*(x) f(x) \mathrm{d}x - \lambda \int f^*(x) g(x) \mathrm{d}x
\end{aligned}$$

选取 λ 的值

$$\lambda = \frac{\int g^* f \mathrm{d}x}{\int |g|^2 \mathrm{d}x}$$

代入上式，不等式化为

$$\int |f|^2 \mathrm{d}x \int |g|^2 \mathrm{d}x \geqslant \int g^* f \mathrm{d}x \int f^* g \mathrm{d}x$$

用 Dirac 记号表示即

$$\langle f \mid f \rangle \langle g \mid g \rangle \geqslant |\langle g \mid f \rangle|^2$$

引理 2.2： 厄米算符的期望值为实数。

证明： 任意的态 $| \alpha \rangle$ 可以用厄米算符 A 的本征态 $| a_i \rangle$ 展开为

$$| \alpha \rangle = \sum_i c_i | a_i \rangle$$

因此

$$\begin{aligned}
\langle A \rangle &= \langle \alpha \mid A \mid \alpha \rangle \\
&= \sum_i |c_i|^2 a_i
\end{aligned}$$

由于厄米算符的本征值 a_i 为实数，所以 $\langle A \rangle$ 为实数。

引理 2.3： 反厄米算符的期望值为纯虚数。

如果算符 $B^\dagger = -B$，则称算符 B 为反厄米算符。类似于引理 2.2 的证明过程，易证反厄米算符的期望值为纯虚数。

证明反厄米算符的本征值为纯虚数。

2.3.1　不确定关系的证明

利用上面的引理，可以证明任意两个算符 A、B 的不确定关系。

假设任意的物理状态记为 $|\ \rangle$，定义算符 $\Delta A = A - \langle A \rangle$，$\Delta B = B - \langle B \rangle$。$\Delta A$、$\Delta B$ 作用在任意态 $|\ \rangle$ 上形成新的态，分别记为

$$|\alpha\rangle = \Delta A \,|\ \rangle, \qquad |\beta\rangle = \Delta B \,|\ \rangle$$

根据引理 2.1，可得

$$\langle \alpha \mid \alpha \rangle \langle \beta \mid \beta \rangle \geqslant |\langle \beta \mid \alpha \rangle|^2$$

用算符 ΔA、ΔB 可表示为

$$\big\langle (\Delta A)^2 \big\rangle \big\langle (\Delta B)^2 \big\rangle \geqslant \big| \big\langle \Delta A \Delta B \big\rangle \big|^2$$

另外，易知

$$\Delta A \Delta B = \frac{1}{2}\big[\Delta A, \Delta B\big] + \frac{1}{2}\big\{\Delta A, \Delta B\big\} \tag{2.4}$$

上面第二项 $\{\Delta A, \Delta B\} \equiv \Delta A \Delta B + \Delta B \Delta A$ 定义了反对易子。由于

$$[\Delta A, \Delta B]^\dagger = -[\Delta A, \Delta B]$$
$$\{\Delta A, \Delta B\}^\dagger = +\{\Delta A, \Delta B\}$$

故对易子 $[\Delta A, \Delta B]^\dagger$ 是一个反厄米算符，反对易子 $\{\Delta A, \Delta B\}$ 则是一个厄米算符。

对式 (2.4) 两边求期望值，得

$$\big\langle \Delta A \Delta B \big\rangle = \frac{1}{2}\big\langle [\Delta A, \Delta B] \big\rangle + \frac{1}{2}\big\langle \{\Delta A, \Delta B\} \big\rangle$$

考虑到上式右边两项分别为纯虚数和纯实数，故得

$$\big| \big\langle \Delta A \Delta B \big\rangle \big|^2 = \frac{1}{4}\big| \big\langle [\Delta A, \Delta B] \big\rangle \big|^2 + \frac{1}{4}\big| \big\langle \{\Delta A, \Delta B\} \big\rangle \big|^2 \tag{2.5}$$

至此，证明了任意两个算符满足的最一般的不确定关系。

由于式 (2.5) 右边分别来自纯虚数的 $\langle [\Delta A, \Delta B] \rangle$ 和纯实数的 $\langle \{\Delta A, \Delta B\} \rangle$，如果略去纯实数贡献，式 (2.5) 成为

$$\sigma_A^2 \sigma_B^2 \geqslant \left(\frac{1}{2\mathrm{i}} \langle [A, B] \rangle \right)^2 \tag{2.6}$$

这就得到了常用的不确定关系。取 $A = x, B = p$

$$\sigma_x^2 \sigma_p^2 \geqslant \left(\frac{1}{2\mathrm{i}}\langle [x, p]\rangle\right)^2 = \left(\frac{1}{2\mathrm{i}}\mathrm{i}\hbar\right)^2 = \left(\frac{\hbar}{2}\right)^2$$

即历史上的 Heisenberg 不确定原理。

以自由粒子为例,来考查不确定关系。假设一个自由粒子在初始时刻在动量空间具有高斯形式的分布

$$\phi(p) = \sqrt{\frac{x_0}{\hbar\sqrt{\pi}}}\mathrm{e}^{-\frac{x_0^2(p-p_0)^2}{(2\hbar)^2}} \tag{2.7}$$

式中: $x_0 = \sqrt{\hbar/m\omega_0}$ $(\omega_0 > 0)$ 描述了分布的宽度。

当它开始演化时,波函数满足

$$\Phi(p, t) = \phi(p)\mathrm{e}^{-\frac{\mathrm{i}}{\hbar}\frac{p^2}{2m}t}$$

将上式变换到位置空间,可以表示为

$$\Psi(x, t) = \sqrt{\frac{1}{x_0\sqrt{\pi}}}\frac{\mathrm{e}^{-x_0^2 p_0^2/(2\hbar^2)}}{\sqrt{1 + \mathrm{i}\omega_0 t}}\mathrm{e}^{-\frac{(x - \mathrm{i}x_0^2 p_0^2/\hbar)^2}{2x_0^2(1 + \mathrm{i}\omega_0 t)}} \tag{2.8}$$

由式 (2.7) 初始时刻的高斯型分布可以知道

$$\langle p(t)\rangle = p_0$$
$$\sigma_p(t) = \frac{\hbar}{x_0\sqrt{2}}$$

类似地,从式 (2.8) 位置空间的分布形式,可以知道

$$\sigma_x(t) = \frac{x_0}{\sqrt{2}}\sqrt{1 + \omega_0^2 t^2}$$

因此,随着波包的演化,在 t 时刻的不确定关系为

$$\sigma_x(t)\sigma_p(t) = \frac{\hbar}{2}\sqrt{1 + \omega_0^2 t^2}$$

显然,在初始时刻 $t = 0$, $\sigma_x(t)\sigma_p(t)$ 取得最小值 $\hbar/2$,随着 t 增大, $\sigma_x(t)\sigma_p(t)$ 不断单调增大。

习题 2.7

推导公式 (2.8)。

2.3.2 高斯波包

能使不确定关系取得最小值 $\hbar/2$ 的波包称为最小不确定波包,可以证明它具有高斯型分布。

回顾最小不确定关系的证明过程,共有以下两处取不等号。

（1）在 Schwarz 不等式中，取等号的条件是

$$|g\rangle \propto |f\rangle$$

（2）在式（2.5）中，仅存在纯虚 $\langle [\Delta A, \Delta B]\rangle$ 项的条件是 $|g\rangle = \mathrm{i}a\,|f\rangle$，其中 a 为实数。因此，最小不确定波包应对的状态满足

$$\Delta p\,|\Psi\rangle = \mathrm{i}a\Delta x\,|\Psi\rangle$$

选择位置表象将 Dirac 态写为波函数，左乘 $\langle x|$，得

$$\left(-\mathrm{i}\hbar\frac{\mathrm{d}}{\mathrm{d}x} - \langle p\rangle\right)\Psi(x) = \mathrm{i}a\big(x - \langle x\rangle\big)\Psi(x)$$

其解即高斯波包为

$$\Psi(x) = A\mathrm{e}^{-a\frac{(x-\langle x\rangle)^2}{2\hbar}}\mathrm{e}^{\mathrm{i}\frac{\langle p\rangle x}{\hbar}}$$

简谐振子基态波函数满足高斯波包形式，因此不确定关系可以取到最小值 $\hbar/2$。

2.3.3　时间-能量不确定关系

不确定关系式（2.6）给出了同时测量任意的两个力学量的误差关系。这个公式也能运用到能量与时间的测量上。由于实验总能在特定的时刻测得特定的能量本征值，因此，能量与时间之间不确定关系不具有同时测量的物理含义。

我们先来讨论力学量 Q 的平均值随时间的变换

$$
\begin{aligned}
\frac{\mathrm{d}}{\mathrm{d}t}\langle Q\rangle &= \frac{\mathrm{d}}{\mathrm{d}t}\langle\psi|Q|\psi\rangle \\
&= \langle\frac{\partial\psi}{\partial t}\,|\,Q\,|\,\psi\rangle + \langle\psi\,|\,\frac{\partial}{\partial t}Q\,|\,\psi\rangle + \langle\psi\,|\,Q\,|\,\frac{\partial\psi}{\partial t}\rangle \\
&= \langle-\frac{\mathrm{i}}{\hbar}H\psi\,|\,Q\,|\,\psi\rangle + \langle\psi\,|\,\frac{\partial}{\partial t}Q\,|\,\psi\rangle + \langle\psi\,|\,Q\,|\,-\frac{\mathrm{i}}{\hbar}H\psi\rangle \\
&= \frac{\mathrm{i}}{\hbar}\langle\psi\,|\,(HQ - QH)\,|\,\psi\rangle + \langle\psi\,|\,\frac{\partial}{\partial t}Q\,|\,\psi\rangle \\
&= \frac{\mathrm{i}}{\hbar}\langle\psi\,|\,[H, Q]\,|\,\psi\rangle + \langle\frac{\partial}{\partial t}Q\rangle
\end{aligned}
$$

上面的计算中已经用到了 Schrödinger 方程。如果力学量 Q 不显含时间 t，则 $\partial Q/\partial t = 0$。这时 $\langle Q\rangle$ 随时间的变化由 Q 与哈密顿量 H 的对易子决定；当 $[Q, H] = 0$ 时，$\langle Q\rangle$ 是不随时间改变的常量。

利用上面的结论，取 A 为哈密顿量，B 为任意力学量 Q，即

$$A = H, \quad B = Q$$

根据公式（2.6），得

$$\sigma_H^2\sigma_Q^2 \geqslant \left(\frac{1}{2\mathrm{i}}\langle[H, Q]\rangle\right)^2 = \left(\frac{\hbar}{2}\right)^2\left(\frac{\mathrm{d}\langle Q\rangle}{\mathrm{d}t}\right)^2$$

或者表示为

$$\sigma_H \sigma_Q \geqslant \frac{\hbar}{2} \left| \frac{\mathrm{d}\langle Q \rangle}{\mathrm{d}t} \right| \tag{2.9}$$

上式中 $\mathrm{d}\langle Q \rangle/\mathrm{d}t$ 表示了力学量 Q 的平均值随时间变化的快慢，σ_Q 则是 Q 的分布宽度。在一个变化过程中，典型的时间间隔可以用 σ_Q 与变化速度的比值表示

$$\Delta t \equiv \frac{\sigma_Q}{\left| \mathrm{d}\langle Q \rangle/\mathrm{d}t \right|}$$

因此，式（2.9）表示为

$$\Delta E \Delta t \geqslant \frac{\hbar}{2} \tag{2.10}$$

这里的 $\Delta E = \sigma_H$。这就是时间-能量不确定关系。对比两个力学量之间的不确定关系，$\sigma_A \sigma_B$ 是同时测量 A 和 B 的偏差满足的关系，而 $\Delta E \Delta t$ 不具有同时测量的含义，是对于一个变化过程而言。式 (2.10) 表明了过程持续的典型时间 Δt 与过程中的能量变化 ΔE 之间的不确定关系。例如，对于一个处在两能级叠加态的体系

$$\psi(x, t) = a\psi_1 \mathrm{e}^{-\mathrm{i}E_1 t/\hbar} + b\psi_2 \mathrm{e}^{-\mathrm{i}E_2 t/\hbar}$$

概率分布为

$$|\psi(x, t)|^2 = a^2 \psi_1^2 + b^2 \psi_2^2 + 2ab\psi_1 \psi_2 \cos\left(\frac{E_2 - E_1}{\hbar}\right)$$

(为简单起见，叠加系数 a、b 取为实数) 概率密度的振荡周期为

$$\tau = 2\pi\hbar/(E_2 - E_1)$$

振荡的两个能级之差为

$$\Delta E = E_2 - E_1$$

因此，在典型的振荡周期中

$$\Delta E \Delta t = 2\pi\hbar$$

满足时间-能量测不准关系。

时间-能量测不准关系常常用在核物理和粒子物理中，用于估计粒子的衰变周期。例如，$\Delta(1232)$ 粒子，它是质量为 1232 MeV 的一个强子态，质量分布宽度为 120 MeV。在粒子物理中，粒子质量宽度表征了粒子的稳定程度，不发生衰变的稳定粒子在理论上质量宽度为 0；质量宽度越大表明粒子越不稳定。(不稳定粒子的质量宽度可以用时间演化因子中质量的虚部来描述。) 对于 $\Delta(1232)$，它的质量宽度可以看成在衰变过程中能量的变化量 ΔE，利用时间能量测不准关系，可以估算出它的衰变寿命

$$\Delta t = \frac{1}{\Delta E} \frac{\hbar}{2} \simeq 3 \times 10^{-22} \mathrm{MeV} \cdot \mathrm{s}$$

这个结果与实验吻合很好。

2.4 广义的统计解释

在前面我们已经知道波函数统计解释，这一节将讨论广义的统计解释。

假定物理状态用右矢 $|\alpha\rangle$ 表示，这是体系状态的抽象表示，如何将这一抽象的状态具体化呢？或者说，如何知道这个状态包含哪些能量本征态、空间分布情况呢？

假如感兴趣 $|\alpha\rangle$ 在坐标空间中的分布情况，可以选择在坐标空间将其具体化。利用坐标空间的完备性关系 $\int \mathrm{d}x\,|x\rangle\langle x| = 1$，可知

$$|\alpha\rangle = \int \mathrm{d}x\,|x\rangle\langle x\|\alpha\rangle = \int \mathrm{d}x\langle x|\alpha\rangle\,|x\rangle \tag{2.11}$$

式中：$\langle x|\alpha\rangle$ 是在坐标基矢 $|x\rangle$ 上的展开系数。如果体系始终处于某个固定的坐标 x_0 处，那么仅有 $|x_0\rangle$ 基矢的系数非零，其它全为零，即 $\langle x|\alpha\rangle \neq 0$ 当且仅当 $x = x_0$。从另一个角度来看，此时体系一定处于位置的一个特定位置本征态上，即

$$|\alpha\rangle = |x_0\rangle$$

因此，展开系数为 $\langle x|\alpha\rangle = \delta(x-x_0)$。这个展开系数表达了在位置本征态上的分布可能性，即以 100% 概率处在 $|x_0\rangle$ 本征态上。

稍微复杂一些，如果体系所处的状态为两个位置本征态的叠加态，即

$$|\alpha\rangle = c_1\,|x_1\rangle + c_2\,|x_2\rangle$$

情况又会怎样呢？当系数 c_2 趋于零时，体系将退化到位置状态 $|x_1\rangle$，这是上面讨论过的情况。另一方面，根据公式 (2.11) 和坐标本征态的正交性 $\int \mathrm{d}x\langle x'\|x\rangle = \delta(x-x')$，有

$$c_1 = \langle x_1|\alpha\rangle, \quad c_2 = \langle x_2|\alpha\rangle$$

因此，叠加系数 c_1、c_2 表示了位置本征态 $|x_1\rangle$、$|x_2\rangle$ 所占的"比重"。根据归一化性质

$$1 = \langle\alpha|\alpha\rangle = |c_1|^2\langle x_1|x_1\rangle + |c_2|^2\langle x_2|x_2\rangle = |c_1|^2 + |c_2|^2$$

如果假定展开系数的模方和空间分布概率之间存在着联系 $|c_1|^2 \sim \rho(x_1), |c_2|^2 \sim \rho(x_2)$，则与上面的讨论完全相容。

上面讨论了物理的态在坐标基上的情况。类似地，如果关心的是能量分布，可以选择能量本征态作为基矢量使 $|\alpha\rangle$ 具体化。利用能量本征态的完备性关系 $\sum_n |n\rangle\langle n| = 1$，对 $|\alpha\rangle$ 态展开

$$|\alpha\rangle = \sum_n |n\rangle\langle n\|\alpha\rangle = \sum_n \langle n|\alpha\rangle\,|n\rangle$$

式中：内积 $\langle n|\alpha\rangle$ 是在能量基矢 $|n\rangle$ 上的展开系数。如果体系处在一个特定的能量本征态上 $|\alpha\rangle = |n'\rangle$，则展开系数为 $\langle n|\alpha\rangle = \delta_{nn'}$，即体系以 100% 的概率完全处于 $|n'\rangle$ 能量态。假设体系处在能量叠加态

$$|\alpha\rangle = c_{n'}\,|n'\rangle + c_{n''}\,|n''\rangle$$

考虑系数 $c_{n''}$ 是一个小量的情况，如果此时测量能量，将以极大的概率得到 $|n'\rangle$ 对应的能量态，仅有极少的概率处在 $|n''\rangle$ 态，因为，这个结果必须在 $c_{n''} \to 0$ 极限下回到能量本征态 $|n'\rangle$。因此，展开系数 c_n 表达了 $|\alpha\rangle$ 包含能量本征态的多少。另一方面，展开系数 c_n 可以从内积求得，即 $c_n = \langle n \mid \alpha \rangle$。这些结论同样提示：如果假设展开系数的模方 $|c_n|^2$ 对应测量得到能量本征态 $|n\rangle$ 的概率，则与上面所做的讨论完全自洽。

比较上面两个例子，我们先后在位置本征态基矢、能量本征态基矢上描述系统状态 $|\alpha\rangle$ 的具体内容。在所选的基矢量上，展开系数一方面可以用内积表示，另一方面它又表征了测量得到对应基矢态（位置本征态或能量本征态）的概率幅，这正是一般性的统计解释，其内容表述如下。

基本假设 3

物理的态 $|\alpha\rangle$ 可以用一组正交完备的本征态 $\{|i\rangle\}$ 作为基矢展开

$$|\alpha\rangle = \sum_i c_i \, |i\rangle$$

展开系数 $c_i = \langle i \mid \alpha \rangle$ 代表观测得到本征态 $|i\rangle$ 的概率幅，c_i 的模方表示从 $|\alpha\rangle$ 态中测量得到本征态 $|i\rangle$ 的概率，即 $P_i = |\langle i \mid \alpha \rangle|^2 = |c_i|^2$。

这是量子力学的第三条基本假设。

根据统计解释，可以得到如下性质。

（1）对 $|\alpha\rangle$ 态进行测量，塌缩到每个基态 $|i\rangle$ 的概率之和为 1，即概率守恒

$$\sum_i |c_i|^2 = \sum_i P_i = 1$$

证明： 因为 $c_i = \langle i \mid \alpha \rangle$，故

$$\begin{aligned}
\sum_i |c_i|^2 &= \sum_i \langle \alpha \mid i \rangle \langle i \mid \alpha \rangle \\
&= \langle \alpha \mid \left(\sum_i |i\rangle\langle i| \right) \mid \alpha \rangle \\
&= \langle \alpha \mid \alpha \rangle \\
&= 1
\end{aligned}$$

（2）任意可观测量 Q 的平均值是其本征值的概率加权求和

$$\langle Q \rangle = \sum_i q_i |c_i|^2 = \sum_i q_i P_i$$

式中：q_i 为算符 Q 的本征值。

证明： 对于任意算符 Q，考虑在态 $|\alpha\rangle$ 上的平均值 $\langle \alpha \mid Q \mid \alpha \rangle$。插入 Q 的本征态 $|q_i\rangle$ 的

完备性关系 $\sum_i |q_i\rangle\langle q_i| = 1$

$$\langle \alpha | Q | \alpha \rangle = \langle \alpha | \left(\sum_i |q_i\rangle\langle q_i| \right) Q \left(\sum_j |q_j\rangle\langle q_j| \right) | \alpha \rangle$$

$$= \sum_{i,j} \langle \alpha \| q_i\rangle\langle q_i | q_j | q_j\rangle\langle q_j \| \alpha \rangle$$

$$= \sum_i q_i \langle \alpha \| q_i\rangle\langle q_i \| \alpha \rangle$$

$$= \sum_i q_i |c_i|^2$$

利用统计解释，对波函数进行傅里叶变换，在动量空间进行展开，展开系数的模方能够解释为在动量空间的分布概率密度。

动量本征态波函数为

$$\psi_p(x) = \frac{1}{\sqrt{2\pi\hbar}} e^{ipx/\hbar}$$

任意波函数 $\Psi(x,t)$ 在动量空间展开形式为

$$\Psi(x,t) = \frac{1}{\sqrt{2\pi\hbar}} \int \Phi(p,t) e^{ipx/\hbar} dp$$

这里 $\Phi(p,t)$ 是对应于动量值为 p 的本征态的展开系数。根据统计解释粒子动量为 p 的概率密度为

$$\rho(p,t) = |\Phi(p,t)|^2$$

利用傅里叶变换，$\Phi(p,t)$ 能方便地表示为

$$\Phi(p,t) = \frac{1}{\sqrt{2\pi\hbar}} \int e^{-ipx/\hbar} \Psi(x,t) dx$$

习题 2.8

试利用统计解释，分析简谐振子基态在动量空间的分布概率，并求出概率密度分布极大值对应的动量。

2.4.1 表象的概念

假设物理的体系处在状态 $|\alpha\rangle$，当需要进一步刻画该状态的具体信息时，通常需要借助具体基矢的选择：将 $|\alpha\rangle$ 表示成一组完备的基矢 $\{|i\rangle\}$ 的各个分量的线性叠加，叠加系数 $\langle i|\alpha\rangle$ 即处在基矢量 $|i\rangle$ 的概率幅。这种具体选择的基矢称为表象。利用表象可以将抽象物理态的信息具体表达出来。

内积 $\langle i|\alpha\rangle$ 是物理态 $|\alpha\rangle$ 在完备基 $\{|i\rangle\}$ 上的展开系数，从中可以看出 $|i\rangle$ 是选择的表象。选作表象的一组基矢量必须能够普适地用于展开任意的物理态，因此必须具备完备性。物理量对应的厄米算符，其本征态构成完备基。另一方面，厄米算符的本征态是对 $|\alpha\rangle$ 测量后塌

缩的态，本身是物理测量得到的结果。厄米算符本征态在数学上成为表象的天然选择。因此，通常将厄米算符的本征态做为表象，常用的表象有坐标表象、动量表象、能量表象等。

选择不同表象可以从不同的角度刻画物理态的特征。例如，物理态 $|\alpha\rangle$ 是简谐振子两个能量本征态的叠加

$$|\alpha\rangle = c_1 |1\rangle + c_2 |2\rangle \qquad (2.12)$$

这时，已经选择了能量表象来描述抽象的 $|\alpha\rangle$：处于能量本征态 $|1\rangle$ 的概率密度为 $\rho_1 = |c_1|^2$，处于能量本征态 $|2\rangle$ 的概率密度为 $\rho_1 = |c_2|^2$。式（2.12）表示 $|\alpha\rangle$ 中两个能量本征态的概率叠加方式。

如果选择位置表象，这里的 $|\alpha\rangle$ 态能够表示为

$$|\alpha\rangle = \int \mathrm{d}x \langle x | \alpha\rangle |x\rangle \qquad (2.13)$$

式中

$$\langle x | \alpha\rangle = c_1 \frac{m\omega}{\pi\hbar}^{1/4} \frac{1}{\sqrt{2}} H_1(\sqrt{\frac{m\omega}{\hbar}}x) e^{-\frac{m\omega}{2\hbar}x^2} + c_2 \frac{m\omega}{\pi\hbar}^{1/4} \frac{1}{\sqrt{8}} H_2(\sqrt{\frac{m\omega}{\hbar}}x) e^{-\frac{m\omega}{2\hbar}x^2}$$

这个复杂的函数告诉我们 $|\alpha\rangle$ 在空间的分布概率由坐标表象下的展开系数决定

$$
\begin{aligned}
\rho(x) &= \left| \langle x | \alpha\rangle \right|^2 \\
&= \left| c_1 \frac{m\omega}{\pi\hbar}^{1/4} \frac{1}{\sqrt{2}} H_1(\sqrt{\frac{m\omega}{\hbar}}x) e^{-\frac{m\omega}{2\hbar}x^2} + c_2 \frac{m\omega}{\pi\hbar}^{1/4} \frac{1}{\sqrt{8}} H_2(\sqrt{\frac{m\omega}{\hbar}}x) e^{-\frac{m\omega}{2\hbar}x^2} \right|^2
\end{aligned}
$$

式 (2.12) 和式 (2.13) 是 $|\alpha\rangle$ 态在选择了能量、坐标表象后的形式，它们分别从能量分布、坐标分布的角度具体地描述了抽象的 $|\alpha\rangle$ 的物理内容。从这个例子可以理解 Dirac 记号抽象性特点。如果想要知道抽象化的 $|\alpha\rangle$ 态的具体信息，如坐标、能量的概率分布情况，就需要选择相应的表象。表象将 $|\alpha\rangle$ 具体化。

2.4.2 波函数的 Dirac 记号表示

前面已经从波函数的线性关系出发，表明了波函数与 Hilbert 空间中的矢量具有对应的关系

$$\psi_\alpha(x) \sim |\alpha\rangle$$

现在利用一般性的统计解释，可以更准确地建立波函数和 Dirac 记号之间的等式关系。

选择位置空间完备基 $\{|x\rangle\}$，$|\alpha\rangle$ 态可以展开为

$$|\alpha\rangle = \int \mathrm{d}x |x\rangle\langle x | \alpha\rangle = \int \mathrm{d}x \langle x | \alpha\rangle |x\rangle$$

叠加系数 $\langle x | \alpha\rangle$ 是对应位置基矢 $|x\rangle$ 的展开系数。利用统计解释，系数 $\langle x | \alpha\rangle$ 表示了观测得到体系处在 $|x\rangle$ 态的概率幅。在不同的坐标位置处，系数 $\langle x | \alpha\rangle$ 随坐标本征值 x 连续变换，通常可用函数的方式表达为 $c_\alpha(x)$。因此，可知体系处在位置 x 处的概率密度为

$$\rho(x) = |c_\alpha(x)|^2$$

这与波函数 $\psi_\alpha(x)$ 的统计解释完全一致: $|\psi_\alpha(x)|^2$ 是在 x 处找到粒子的概率密度。因此，波函数正是抽象的态 $|\alpha\rangle$ 在坐标基上的展开系数

$$\psi_\alpha(x) = \langle x \mid \alpha \rangle$$

即波函数是物理态 $|\alpha\rangle$ 在选择的坐标表象下的具体形式。

2.4.3 表象变换

表象从不同的角度对 $|\alpha\rangle$ 进行具体刻画，并不改变物理状态的实质。各种不同的表象之间可以进行变换，即表象变换。

考虑两组独立的完备基 $\{|i\rangle\}$ 和 $\{|n\rangle\}$，每一个基矢 $|i\rangle$ 能够在 $\{|n\rangle\}$ 上表示成线性叠加形式

$$|i\rangle = \sum_n \langle n \mid i \rangle \, |n\rangle$$

引入两组表象间的变换算符 F，其矩阵元定义为

$$F_{ni} = \langle n \mid i \rangle$$

表象变换矩阵将基矢 $\{|i\rangle\}$ 下的表达式变换到另一组基矢 $\{n\}$ 下的形式

$$
\begin{aligned}
|\alpha\rangle &= \sum_i \langle i \mid \alpha \rangle \, |i\rangle \\
&= \sum_{i,n} \langle i \mid \alpha \rangle \, (F_{ni} \mid n\rangle) \\
&= \sum_{i,n} \langle i \mid \alpha \rangle \, (\langle n \mid i \rangle \mid n\rangle) \\
&= \sum_n \left(\sum_i \langle n \mid i \rangle \langle i \mid \alpha \rangle \right) |n\rangle \\
&= \sum_n \langle n \mid \alpha \rangle \, |n\rangle
\end{aligned}
$$

这里展开系数 $\langle n \mid \alpha \rangle$ 是态 $|\alpha\rangle$ 在基矢 $\{|n\rangle\}$ 下的展开系数。算符 F 将两组表象联系起来，称为表象变换矩阵。

利用表象变换矩阵，可以将算符从一组表象下的形式变换到另一组表象下。考虑算符 $\hat{A}$，在完备基 $\{|i\rangle\}$ 上的矩阵元表示为

$$
\begin{aligned}
\langle i \mid \hat{A} \mid j \rangle &= \sum_{m,n} \langle i \| m \rangle \langle m \mid \hat{A} \mid n \rangle \langle n \| j \rangle \\
&= \sum_{m,n} (F^\dagger)_{im} A_{mn} F_{nj}
\end{aligned}
$$

两个不同表象下的算符矩阵元 A_{ij} 和 A_{mn} 通过表象变换矩阵 F 联系起来了。

显然，表象变换矩阵 F 是幺正矩阵

$$F^\dagger F = \sum_{i'} \langle i \mid i' \rangle \langle i' \mid j \rangle = \langle i \mid j \rangle = \delta_{ij} \tag{2.14}$$

假设态 $\mid \alpha \rangle$、$\mid \beta \rangle$ 在表象变换后分别成为 $\mid \alpha' \rangle = F \mid \alpha \rangle$，$\mid \beta' \rangle = F \mid \beta \rangle$。物理上，可观测量与表象选取无关，是表象变换下的不变量。这些不变量包括

（1）内积：

$$\langle \beta \mid \alpha \rangle = \langle \beta \mid F^\dagger F \mid \alpha \rangle = \langle \beta' \mid \alpha' \rangle$$

（2）分布概率：

$$\rho = |\langle \beta \mid \alpha \rangle|^2 = |\langle \beta' \mid \alpha' \rangle|^2$$

（3）本征值：本征值方程

$$\hat{A} \mid \alpha \rangle = a \mid \alpha \rangle$$

经表象变换后成为

$$F \hat{A} F^\dagger F \mid \alpha \rangle = a F \mid \alpha \rangle$$

利用 $\mid \alpha' \rangle = F \mid \alpha \rangle$，表象变换后的算符 $A_F \equiv F \hat{A} F^\dagger$ 仍然满足同样的本征方程

$$\hat{A}_F \mid \alpha' \rangle = a \mid \alpha' \rangle$$

（4）算符矩阵的迹 $\mathrm{tr}[\hat{A}]$。

正是因为这些感兴趣的物理量不依赖于具体表象的选择，采用抽象的 Dirac 记号表示微观状态才更具有优势。

习题 2.9

证明算符的迹 $\mathrm{tr}[\hat{A}]$ 在表象变换下不变。

2.5　简谐振子的代数解法

在求解一维简谐振子 Schrödinger 方程的过程中，波函数受到无穷远处边界条件的要求，简谐振子的能量具有量子化取值。本节将以一种新的方式，从代数的角度分析简谐振子问题。这种方法能更好地体现对简谐振子问题的物理理解，同时在量子力学的后继课程中也具有更深入的应用。

2.5.1 升降算符的性质

观察一维简谐振子的哈密顿量

$$H = T + V = \frac{p^2}{2m} + \frac{m\omega^2 x^2}{2} \tag{2.15}$$

式中：动量算符 p 和位置算符 x 均为二次形式。从中提取出能量量子的单位 $\hbar\omega$，哈密顿量可以表示为

$$H = \frac{\hbar\omega}{2} \left(\frac{p^2}{\hbar\omega m} + \frac{m\omega x^2}{\hbar} \right)$$

为了表示方便，将动量和位置定义成对应的无量纲化的算符（即广义动量和广义坐标）

$$P \equiv \frac{1}{\sqrt{\hbar m\omega}} p$$

$$Q \equiv \sqrt{\frac{m\omega}{\hbar}} x$$

此时，哈密顿量成为

$$H = \frac{\hbar\omega}{2} \left(P^2 + Q^2 \right)$$

利用位置和动量算符的对应关系，可知算符 P、Q 满足对易关系

$$[Q, P] = \frac{1}{\sqrt{\hbar m\omega}} \sqrt{\frac{m\omega}{\hbar}} [x, p] = \mathrm{i}$$

接着，引入新的算符 $\hat{a}$ 和 $\hat{a}^{\dagger}$

$$a \equiv \frac{1}{\sqrt{2}}(Q + \mathrm{i}P), \qquad a^{\dagger} \equiv \frac{1}{\sqrt{2}}(Q - \mathrm{i}P)$$

哈密顿量用新算符表示为

$$H = \hbar\omega \left(\hat{a}^{\dagger}\hat{a} + \frac{1}{2} \right)$$

对比公式 (2.15)，这里的 H 仅仅依赖于组合算符 $\hat{a}^{\dagger}\hat{a}$。那么 $\hat{a}$ 和 $\hat{a}^{\dagger}$ 有何物理意义呢？

这需要从新算符 $\hat{a}$ 和 $\hat{a}^{\dagger}$ 的性质入手进行分析。通常，算符的性质来自两个方面：算符之间的相互关系，以及算符作用在态上的变换关系。

先来考察第一个方面。当前体系中包括 a、$\hat{a}$、H 三个算符，它们之间具有如下对易关系：

$$[a, a^{\dagger}] = 1$$

$$[a, H] = \hbar\omega a \tag{2.16}$$

$$[a^{\dagger}, H] = -\hbar\omega a^{\dagger} \tag{2.17}$$

这些关系传递出的物理信息较为抽象，需要进一步通过作用在物理的态上来解释。

证明对易关系 (2.16)、(2.17)。

我们知道，求解定态 Schrödinger 方程的目的是为了得到能量本征态，进而得到物理状态的时间演化规律。为此，假设简谐振子的能量本征态可以标记为 $|n\rangle$，将对应的能量本征值形式地记为 E_n，即

$$H\,|\,n\rangle = E_n\,|\,n\rangle$$

借助能量本征态 $|n\rangle$，可以揭示算符 $\hat{a}$、$\hat{a}^\dagger$ 的物理意义。

考虑算符 $\hat{a}$ 作用于能量本征态 $|n\rangle$ 上所形成的新的态 $\hat{a}\,|\,n\rangle$，这个新的态有何特征呢? 在哈密顿算符作用下，利用对易关系 $[\hat{a}, H] = \hbar\omega\hat{a}$，得

$$H\hat{a}\,|\,n\rangle = \hat{a}H\,|\,n\rangle - \hbar\omega\hat{a}\,|\,n\rangle$$
$$= (E_n - \hbar\omega)\hat{a}\,|\,n\rangle$$

这表明新的态 $\hat{a}\,|\,n\rangle$ 也是能量的本征态，对应的能量为 $E_n - \hbar\omega$，即算符 $\hat{a}$ 将 $|n\rangle$ 态的能量在 E_n 的基础上向下降低了一个最小的能量量子 $\hbar\omega$，可以表示为

$$\hat{a}\,|\,n\rangle \propto |\,n-1\rangle \tag{2.18}$$

这里 $|\,n-1\rangle$ 的能量为 $E_n - \hbar\omega$。如果继续作用 $\hat{a}$ 算符，能量会继续降低 $\hbar\omega$。以此类推，可得

$$\left(\hat{a}\right)^m\,|\,n\rangle \propto |\,n-m\rangle$$

这里 $|\,n-m\rangle$ 的能量为 $E_n - m\hbar\omega$。

类似地，考察 $\hat{a}^\dagger$ 算符作用于 $|n\rangle$ 形成的新的态 $\hat{a}^\dagger\,|\,n\rangle$。利用对易关系

$$[\hat{a}^\dagger, H] = -\hbar\omega\hat{a}^\dagger$$

得

$$H\hat{a}^\dagger\,|\,n\rangle = (E_n + \hbar\omega)\hat{a}^\dagger\,|\,n\rangle$$

即算符 $\hat{a}^\dagger$ 将 $|n\rangle$ 态对应的能量在 E_n 的基础上向上升高了一个最小的能量量子 $\hbar\omega$，可以表示为

$$\hat{a}^\dagger\,|\,n\rangle \propto |\,n+1\rangle \tag{2.19}$$

至此，借助算符 $\hat{a}$、$\hat{a}^\dagger$ 的性质，从能量本征态 $|n\rangle$ 出发，依次作用 $\hat{a}$ 算符，将得到能量依次降低 $\hbar\omega$ 的态

$$|\,n-1\rangle, \quad |\,n-2\rangle, \quad \cdots$$

即 $(\hat{a})^m\,|\,n\rangle \propto |\,n-m\rangle$; 依次作用 $\hat{a}^{\dagger}$ 算符, 得到能量依次升高 $\hbar\omega$ 的态

$$|\,n+1\rangle,\ \ |\,n+2\rangle,\ \cdots$$

即 $\left(\hat{a}^{\dagger}\right)^m\,|\,n\rangle \propto |\,n+m\rangle$, 如图2.1 所示。这样便通过代数分析得到了简谐振子的能谱:

$$\cdots, E_n - 2\hbar\omega, E_n - \hbar\omega, E_n, E_n + \hbar\omega, E_n + 2\hbar\omega, \cdots$$

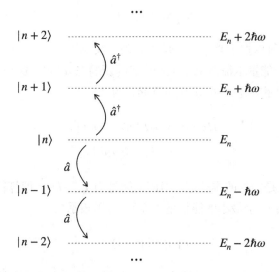

图 2.1 升算符 $\hat{a}^{\dagger}$ 和降算符 $\hat{a}$

2.5.2 截断条件

然而, 上面的能谱存在一个致命的问题——负的无穷大的能量。当从 $|\,n\rangle$ 态出发, 无限次作用 $\hat{a}$ 算符, 将得到 $E_n - \infty$ 的能量, 而实际中并不存在负无穷的能量, 它在实验中是不可探测的。负无穷的能量代表了非物理的状态, 因此, 必须从能谱中移除。这个致命的问题是持续将 $\hat{a}$ 作用于能量本征态上产生的。如果能量存在一个最低的下限, 则能有效避免这个问题。最低的能量态必须在 $\hat{a}$ 的作用下消失, 从而产生截断条件。假设能量最低的状态记为 $|\,0\rangle$, 截断条件表示为

$$\hat{a}\,|\,0\rangle = 0$$

需要注意的是, 最低的能量状态并非能量为零的状态, 因为

$$H\,|\,0\rangle = \hbar\omega(\hat{a}^{\dagger}\hat{a} + \frac{1}{2})\,|\,0\rangle = \frac{1}{2}\hbar\omega\,|\,0\rangle$$

上式表明 $|\,0\rangle$ 态的能量为 $\hbar\omega/2$。简谐振子能量最低的状态 $|\,0\rangle$ 称为基态。从基态出发, 依次作用 $\hat{a}^{\dagger}$ 算符, 可以得到第一激发态、第二激发态等一系列能级

$$|\,0\rangle, |\,1\rangle, \cdots, |\,n-1\rangle, |\,n\rangle, |\,n+1\rangle, \cdots$$

对应的能谱为

$$E_0 = \frac{\hbar\omega}{2}, \ E_1 = \hbar\omega\left(\frac{1}{2} + 1\right), \ E_2 = \hbar\omega\left(\frac{1}{2} + 2\right), \ \cdots, \ E_n = \hbar\omega\left(\frac{1}{2} + n\right), \ \cdots$$

至此，我们分析得到了简谐振子的能级公式

$$H \mid n\rangle = \hbar\omega\left(\frac{1}{2} + n\right) \mid n\rangle \tag{2.20}$$

2.5.3　占有数表象

定义

$$\hat{N} = a^\dagger a$$

利用公式（2.20）可得

$$\hat{N} \mid n\rangle = n \mid n\rangle$$

即 $\mid n\rangle$ 包含有 n 个能量为 $\hbar\omega$ 的能量量子。因此，算符 $\hat{N}$ 称为粒子数算符，对应的能量本征态 $\mid n\rangle$ 构成的简谐振子能量表象，表示占有了 n 个能量量子的状态，也称为"占有数表象"（occupation number representation）。算符 $\hat{a}$ 从 $\mid n\rangle$ 中减去了一个能量量子，称为湮灭算符，而算符 $\hat{a}^\dagger$ 给 $\mid n\rangle$ 中增加了一个能量量子，称为产生算符。简谐振子的代数解法也称为产生湮灭算符解法。

需要注意，在式（2.18）、式（2.19）中并没有使用等号，这是由于能量态 $\mid n\rangle$ 和它的任意非零数乘 $\alpha \mid n\rangle$ 对应的能量本征值均为 E_n。一般性地，$\hat{a} \mid n\rangle$ 与 $\mid n-1\rangle$ 之间可以表示为线性关系，即 $\hat{a} \mid n\rangle = \alpha \mid n-1\rangle$，式中：$\alpha$ 为比例系数。下面计算 α 的值。

对表达式 $\hat{a} \mid n\rangle = \alpha \mid n-1\rangle$ 做复共轭运算

$$(\hat{a} \mid n\rangle)^\dagger = \langle n \mid \hat{a}^\dagger = \langle n-1 \mid \alpha^*$$

利用粒子数算符的性质 $\hat{N} \mid n\rangle = n \mid n\rangle$

$$\left(\langle n \mid \hat{a}^\dagger\right)\left(\hat{a} \mid n\rangle\right) = \langle n \mid \hat{N} \mid n\rangle = n = |\alpha|^2$$

通常略去任意的复相位因子，选择 $\alpha = \sqrt{n}$，于是得到

$$\hat{a} \mid n\rangle = \sqrt{n} \mid n-1\rangle \tag{2.21}$$

类似地，可以计算出

$$\hat{a}^\dagger \mid n\rangle = \sqrt{n+1} \mid n+1\rangle \tag{2.22}$$

习题 2.11

证明公式（2.22）。

根据公式 (2.21)、(2.22)，可以利用简谐振子的占有数表象将算符表示为矩阵形式。例如粒子数算符 $\hat{N}$

$$\hat{N}_{nn'} = \langle n \mid \hat{N} \mid n' \rangle = n\delta_{nn'} \tag{2.23}$$

$$= \begin{pmatrix} 1 & 0 & \cdots \\ 0 & 2 & \cdots \\ \cdots & \cdots & \cdots \end{pmatrix} \tag{2.24}$$

$$= \mathrm{diag}\,(1,2,3,\cdots) \tag{2.25}$$

即对角形式，对角元为本征值 n。对角的形式也表明占有数表象是粒子数算符的本征表象。

习题 2.12

分别计算算符 $\hat{a}^{\dagger}$ 和 $\hat{a}$ 在占有数表象下的矩阵表达式。

习题 2.13

证明：

$$x \mid n \rangle = \sqrt{\frac{\hbar}{2m\omega}} \left(\sqrt{n+1} \mid n+1 \rangle + \sqrt{n} \mid n-1 \rangle \right)$$

$$p \mid n \rangle = \mathrm{i}\sqrt{\frac{m\hbar\omega}{2}} \left(\sqrt{n+1} \mid n+1 \rangle - \sqrt{n} \mid n-1 \rangle \right)$$

并根据上面的结论计算算符 x^2、p^2 在占有数表象下的矩阵表达式。

2.5.4　简谐振子波函数

借助升降算符 $\hat{a}^{\dagger}$ 和 $\hat{a}$ 的性质，可以进一步计算简谐振子的能量本征态波函数。从湮灭算符 $\hat{a}$ 的性质 $\hat{a} \mid 0 \rangle = 0$ 出发，选择坐标作为表象，等式两边左乘 $\langle x \mid$，再插入坐标完备性关系，可得

$$0 = \langle x \mid \hat{a} \mid 0 \rangle \tag{2.26}$$

$$= \int \mathrm{d}x' \langle x \mid \hat{a} \mid x' \rangle \langle x' \mid 0 \rangle \tag{2.27}$$

式中：$\langle x' \mid 0 \rangle$ 正是基态波函数 $\psi_0(x)$。利用 $\hat{a}$ 的定义，将坐标、动量算符在坐标表象下的具体表达式

$$\langle x \mid \hat{x} \mid x' \rangle = x\delta(x-x')$$

$$\langle x \mid \hat{p} \mid x' \rangle = -\mathrm{i}\hbar\frac{\partial}{\partial x}\delta(x-x')$$

代入式 (2.27)，得

$$\left(-\mathrm{i}\hbar\frac{\mathrm{d}}{dx} - \mathrm{i}m\omega x \right)\psi_0(x) = 0$$

求解上面的一阶微分方程，可得简谐振子的基态波函数

$$\psi_0(x) = A_0 e^{-\frac{m\omega x^2}{2\hbar}}$$

式中：A_0 为归一化系数。这与之前求解简谐振子 Schrödinger 方程得到的解完全一致。

对于第一激发态波函数 ψ_1，可将 $\hat{a}^\dagger$ 作用在 $\psi_0(x)$ 上生成得到

$$\psi_1(x) = A_1 \hat{a}^\dagger \psi_0(x) \tag{2.28}$$

更一般地，激发态波函数可以表示为

$$\psi_n(x) = A_n \left(\hat{a}^\dagger\right)^n \psi_0(x) \tag{2.29}$$

这里 A_n 为归一化系数。可以验证

$$\frac{1}{\psi_0(x)} \left[\left(\hat{a}^\dagger\right)^n \psi_0(x) \right] \tag{2.30}$$

恰恰生成了厄米多项式。

习题 2.14

利用简谐振子的升降算符，计算第一激发态、第二激发态波函数，并与解析解法所得结果进行比较。

2.6 全同粒子

将量子力学应用到多粒子体系时，除了要考虑复杂的相互作用，还需要考虑粒子的种类问题。在微观上，同种粒子具有完全相同的电荷、自旋、质量，以及相互作用性质。它们不能够通过任何方法和技术加以区别。这种具有完全相同的内禀属性的粒子称为全同粒子。全同性是物理学的基本假设，当量子力学应用到全同粒子体系时，需要考虑全同性对体系的要求。

2.6.1 全同粒子的描述

以两粒子体系为例，在量子力学中，分别用坐标 x_1、x_2 代表粒子 a、b 的位置，哈密顿量为

$$H = T_a(x_1) + T_b(x_2) + V_0(x_1) + V_0(x_2) + V_{int}(|x_1 - x_2|)$$

式中：

$$T_a = -\frac{\hbar^2}{2m_a}\frac{\partial^2}{\partial^2 x_1}, \quad T_b = -\frac{\hbar^2}{2m_b}\frac{\partial^2}{\partial^2 x_2}$$

分别为粒子 a、b 的动能算符，V_0 为两粒子所处外加势场，V_{int} 为相互作用势。求解 Schrödinger 方程所得的解 $\Psi(x_1, x_2, t)$ 描述了 t 时刻粒子 a 在 x_1 处且同时粒子 b 在 x_2 处的概率幅，对应概率为

$$dP = |\Psi|^2 dx_1 dx_2$$

现在将上面的描述用于两个全同粒子体系。如果忽略掉 V_{int}，粒子 a、b 的波函数可以分离，分别设为 ψ_a、ψ_b，它们各自满足方程

$$\left[T_a + V_0\right]\psi_a = E_a\psi_a, \quad \left[T_b + V_0\right]\psi_b = E_b\psi_b$$

由于全同性的原因，我们不能够区分出粒子 a 和粒子 b，这时对应两种情况：

(1) 粒子 a、b 分别处在 x_1、x_2 处；

(2) 交换两粒子位置，粒子 a、b 分别处在 x_2、x_1 处。

情况 (1) 的总波函数可以表示为

$$\Psi = \psi_a(x_1)\psi_b(x_2)$$

情况 (2) 类似可以表示为

$$\Psi = \psi_a(x_2)\psi_b(x_1)$$

实际上这两种情况对于全同粒子没有任何分别。

全同性假设要求交换两个全同粒子，波函数具有对称性，即 Ψ 在 $a \leftrightarrow b$ 交换下是对称的或者是反对称的

$$\Psi_\pm(x_1, x_2) = \frac{1}{\sqrt{2}}\left\{\psi_a(x_1)\psi_b(x_2) \pm \psi_a(x_2)\psi_b(x_1)\right\}$$

这里 $1/\sqrt{2}$ 是归一化因子。我们称 Ψ_+ 为交换对称的态，Ψ_- 为交换反对称的态。$\Psi_\pm$ 表示两个全同的粒子中"一个"处在 x_1，"另一个"处在 x_2。这个描述消除了采用"粒子 a"、"粒子 b"描述存在的全同粒子不可区分的困难。

那么应该采用交换对称的 Ψ_+，还是交换反对称的 Ψ_- 呢？假设两个全同粒子处在同一个状态 $\psi_a = \psi_b$，这时对于交换反对称的 Ψ_- 态有

$$\Psi_- = \frac{1}{\sqrt{2}}\left\{\psi_a(x_1)\psi_a(x_2) - \psi_a(x_2)\psi_a(x_1)\right\} = 0$$

这意味着两个全同粒子处在同一状态的概率为 0。这个性质恰好符合了费米子的泡利不相容原理（Pauli exclusion principle）。更深入的研究表明 $\Psi_\pm$ 的选择和自旋统计关系相关：全同的费米子处在交换反对称的态，而全同的玻色子处在交换对称的态。这个性质可以从场的量子化中推导得到，但在量子力学的框架下，这个性质需要从假设给出。

全同性也会对体系的哈密顿量提出要求，H 必须在 $a \leftrightarrow b$ 交换下保持不变。$\Psi_\pm$ 正是哈密顿量具有交换对称性的反映：Ψ_+ 是交换为偶的态，Ψ_- 是交换为奇的态。

2.6.2　无限深方势阱中的全同粒子

以无限深方势阱为例，我们来讨论两粒子体系的波函数。假设两个粒子质量均为 m，且无相互作用。这里根据两粒子的属性分以下三种情况。

1. 可分辨粒子

如果两粒子是可分辨的非全同粒子，则系统的波函数能表示为

$$\Psi_{n_1 n_2} = \psi_{n_1}(x_1)\psi_{n_2}(x_2)$$

这表示粒子 a 处在能级 E_{n_1} 的 ψ_{n_1} 态，同时粒子 b 处在能级 E_{n_1} 的 ψ_{n_2} 态。体系的最低能态是两个粒子同时处在基态，即 $n_1 = n_2 = 1$，此时

$$\Psi_{11} = \psi_1(x_1)\psi_2(x_2) = \frac{2}{a}\sin\left(\frac{\pi x_1}{a}\right)\sin\left(\frac{\pi x_2}{a}\right)$$

基态能量为

$$E_{11} = 1K + 1K = 2K$$

式中：$K = \frac{\pi^2 \hbar^2}{2ma^2}$。第一激发态的波函数有两个

$$\Psi_{12} = \frac{2}{a}\sin\left(\frac{\pi x_1}{a}\right)\sin\left(\frac{2\pi x_2}{a}\right)$$
$$\Psi_{21} = \frac{2}{a}\sin\left(\frac{2\pi x_1}{a}\right)\sin\left(\frac{\pi x_2}{a}\right)$$

这两个态形成二重简并，对应的能量为

$$E_{12} = E_{21} = 1K + 2^2 K = 5K$$

2. 全同玻色子

此时体系的波函数是交换对称态

$$\Psi_{n_1 n_2} = \frac{1}{\sqrt{2}}\left\{\psi_{n_1}(x_1)\psi_{n_2}(x_2) + \psi_{n_1}(x_1)\psi_{n_2}(x_2)\right\}$$

能量量子数 n_1、n_2 可以任取，当 $n_1 = n_2$ 时，两玻色子处在同一能态上。取 $n_1 = n_2 = 1$，可得体系的最低能态为

$$\Psi_{11} = \frac{2}{a}\sin\left(\frac{\pi x_1}{a}\right)\sin\left(\frac{\pi x_2}{a}\right)$$

此时能量为 $E = 2K$。类似地，由于交换对称性

$$\Psi_{12} = \Psi_{21} = \frac{\sqrt{2}}{a}\left\{\sin\left(\frac{\pi x_1}{a}\right)\sin\left(\frac{2\pi x_2}{a}\right) + \sin\left(\frac{2\pi x_1}{a}\right)\sin\left(\frac{\pi x_2}{a}\right)\right\}$$

它是能级为 $5K$ 的第一激发态。与可分辨情况不同的是，这里的第一激发态仅有一个，不存在简并。

3. 全同费米子

此时体系的波函数是交换反对称态，$n_1 \neq n_2$。因此，$\Psi_{11} = 0$，最低能态为

$$\Psi_{21} = \frac{\sqrt{2}}{a}\left\{\sin\left(\frac{\pi x_1}{a}\right)\sin\left(\frac{2\pi x_2}{a}\right) - \sin\left(\frac{2\pi x_1}{a}\right)\sin\left(\frac{\pi x_2}{a}\right)\right\}$$

对应能量 $E = 5K$。

2.6.3　考虑自旋空间

上面讨论的全同粒子仅仅考虑了空间波函数部分，如果考虑自旋情况，自旋统计关系要求：总的波函数对全同玻色子是交换对称的，对全同费米子是交换反对称的。

单粒子总的波函数可以分解为空间部分和自旋部分，即

$$\Psi(x,s) = \psi(x)\chi(s)$$

对于两粒子体系，波函数可以记为 $\Psi(x_1,s_1;x_2,s_2)$，这里第一个粒子的位置为 x_1，自旋 S_z 量子数为 s_1；第二个粒子的位置为 x_2，自旋 S_z 量子数为 s_2。因此，考虑自旋后，全同玻色子能够处在如下两个态

$$\Psi^{\mathrm{B}}(x_1,s_1;x_2,s_2) = \psi_+(x_1,x_2)\chi_+(s_1,s_2)$$
$$\Psi^{\mathrm{B}}(x_1,s_1;x_2,s_2) = \psi_-(x_1,x_2)\chi_-(s_1,s_2)$$

即空间波函数和自旋波函数都是交换对称的，或者都是交换反对称的。全同费米子则处在如下两个态

$$\Psi^{\mathrm{F}}(x_1,s_1;x_2,s_2) = \psi_+(x_1,x_2)\chi_-(s_1,s_2)$$
$$\Psi^{\mathrm{F}}(x_1,s_1;x_2,s_2) = \psi_-(x_1,x_2)\chi_+(s_1,s_2)$$

即空间波函数和自旋波函数仅有一个是交换对称的，另一个是交换反对称的。特别地，对于两电子体系，如果空间部分是交换对称的，则自旋部分一定处在反对称态

$$\chi_- = \frac{1}{\sqrt{2}}\left\{\,|+-\rangle - |-+\rangle\right\}$$

此时，两电子总自旋角动量为 0，形成自旋单态。当测得其中一个电子的自旋方向后，另一个电子的自旋一定处在相反方向。

2.7　量子力学中的对称性

自然规律在运动形式和观测结果上展现出的和谐、统一的一面，自古以来就受到人们的关注[①]。随着对自然的探索进入亚原子尺寸，物理规律中的对称性再次激发了人们的兴趣，特别是粒子物理标准模型的建立，使基本相互作用和物质基本组成背后的各种对称性提升到一个空前的高度。

在量子力学中，势场具有的对称性会在波函数中得到反映。以无限深方势阱为例，当坐标原点建立在势场中心时，波函数展现出特定的奇偶性：n 为奇数的波函数 ψ_n 为偶函数，n 为偶数的波函数 ψ_n 为奇函数。我们已经表明，波函数具有特定奇偶性的特征并不是偶然的，恰恰是势场具有特定对称性的体现。

---

① 古希腊哲学中的 Pythagoras（毕达哥拉斯）学派将自然规律归为数，特别注重整数在几何和自然现象中的体现。

对于一般的对称性变换，可以根据变换参数的性质分为分立对称性和连续对称性。宇称变换是分立变换，空间转动则是连续对称性变换的一个例子。更深入的研究表明，体系的对称性和守恒律之间存在着必然联系。如果体系在连续对称性变换下具有不变性，则存在与之对应的守恒量，这就是著名的 Noether（诺特）定理。

在物理上，不同参考系中观测者可以通过时空变换联系起来。如果物理的观测结果并不依赖特定的时间和空间，则物理体系展现出在时空变换下的不变性。空间平移、时间演化是最简单的时空变换的例子。对应在物理观测上，测量结果在不同参考系能够得到同样的结果。

在量子力学中，这些时空变换产生了深刻影响，动量算符在坐标表象下的变换形式、位置与动量的对应关系，以及 Schrödinger 方程的形式都是由这些基本的时空对称性决定的。

2.7.1　空间平移对称性

空间平移变换是指通过平移固定长度坐标的操作，即 $x \to x + a$。对于 Hilbert 空间中的态 $|x\rangle$，经过变换后成为 $|x + a\rangle$。根据 Wigner 定理，这个变化操作是一个幺正变换。定义空间平移变换 $T(a)$，它满足 $T^\dagger(a)T(a) = 1$。$T(a)$ 作用在位置本征态上得到平移后的另一个位置本征态，即

$$T(a) \, | \, x \rangle = | \, x + a \rangle$$

变换 $T(a)$ 作用到任意的态上可以按如下方式操作

$$
\begin{aligned}
T(a) \mid \alpha \rangle &= T(a) \int \mathrm{d}x \mid x \rangle \langle x \| \alpha \rangle \\
&= \int \mathrm{d}x \mid x + a \rangle \langle x \mid \Psi \rangle \\
&= \int \mathrm{d}x \mid x \rangle \langle x - a \mid \Psi \rangle
\end{aligned}
$$

$T(a)$ 具有如下性质:

(1) 两次平移的叠加仍是一个空间平移: $T(a)T(b) = T(a + b)$;

(2) 当 $a = 0$ 时，$T(0)$ 是单位操作，不改变状态;

(3) $T(a)$ 存在逆变换 $T^{-1}(a) = T(-a)$，满足 $T(-a)T(a) = T(a)T(-a) = 1$;

(4) 多次叠加的变换满足结合律: $T(a)T(b)T(c) = [T(a)T(b)] \, T(c) = T(a) \, [T(b)T(c)]$。

满足上面性质的变换在数学上称为群（group）。那么变换 $T(a)$ 具体的形式如何呢?

考虑到空间平移是关于平移量 a 的一个连续变换，任意有限大的平移总能够通过多次进行无穷小的平移操作得到

$$T(a) = T(\delta x)T(\delta x) \cdots T(\delta x)$$

因此，仅需要讨论在单位元 $T(0)$ 附近的无穷小变换 $T(\delta x)$ 的性质。考虑到平移参数 $\delta x \to 0$ 时，$T(\delta x) \to 1$ 的性质，无穷小变换 $T(\delta x)$ 能够表示为

$$T(\mathrm{d}x) = 1 - \mathrm{i}K\delta x$$

即在单位元附近展开。由于 $T(\delta)$ 是幺正算符，1 为单位算符，而 δx 是平移参数，因此 K 具有算符的性质。需要注意: 上式的展开项在定义算符 K 时引入了虚数 i。这是因为以此方式定

义的算符 K 具有厄米算符的性质，能够成为物理可观测量的候选者。证明如下：

$$1 = T^\dagger(\delta x)T(\delta x)$$
$$= \left(1 + iK^\dagger\delta x\right)\left(1 - iK\delta x\right)$$
$$= 1 + i\left(K^\dagger - K\right)\delta x + O(\mathrm{d}x^2)$$

上式对任意的 δx 均成立，因此可得 $K^\dagger = K$。

如果体系在空间平移变换 $T(\delta x)$ 下保持不变，Noether 定理表明存在一个守恒量，这个守恒量就是厄米算符 K。从经典物理已经知道，如果物理体系具有空间平移不变性，则动量守恒。可以严格论证，这里的厄米算符 K 与动量算符的关系为

$$K = \frac{\hat{p}}{\hbar}$$

因此，无穷小空间平移变换能够表示为

$$T(\mathrm{d}x) = 1 - \frac{i}{\hbar}\hat{p}\,\mathrm{d}x \tag{2.31}$$

任意有限大的平移 $T(x)$ 可以通过叠加操作 $T(\mathrm{d}x)$ 得到

$$T(x) = \lim_{\mathrm{d}x\to 0}(1 - \frac{i\hat{p}\,\mathrm{d}x}{\hbar})^{\frac{x}{\mathrm{d}x}} = \mathrm{e}^{-\frac{i\hat{p}x}{\hbar}}$$

空间平移变换是由动量算符按照上面的方式"生成"的，动量算符也称为空间平移操作的生成元（generator）。

2.7.2 动量与位置的对易关系

依据空间平移变换式 (2.31)，能够推导动量与位置算符的关系。

考虑 $T(\mathrm{d}x)$ 变换和位置算符 $\hat{x}$ 交换顺序作用在位置本征态 $|\,x'\rangle$ 上的效果：

$$T(\mathrm{d}x)\hat{x}\,|\,x'\rangle = x'\,|\,x' + \mathrm{d}x\rangle$$
$$\hat{x}T(\mathrm{d}x)\,|\,x'\rangle = (x' + \mathrm{d}x)\,|\,x' + \mathrm{d}x\rangle$$

将两式做差，可得对易关系满足

$$[T(\mathrm{d}x), \hat{x}]\,|\,x'\rangle = -\mathrm{d}x\,|\,x' + \mathrm{d}x\rangle \simeq -\mathrm{d}x\,|\,x'\rangle$$

上式最后一步中略去了高阶无穷小。代入 $T(\mathrm{d}x)$ 的表达式 (2.31)，得

$$[1 - i\frac{\mathrm{d}x}{\hbar}\hat{p}, x]\,|\,x'\rangle = -\mathrm{d}x\,|\,x'\rangle$$

上式对任意无穷小量 $\mathrm{d}x'$ 和任意的位置本征态 $|\,x'\rangle$ 均成立，因此可得

$$[p, x] = -i\hbar$$

这个结论表明位置与动量的对易关系是空间平移对称性的体现，并不依赖于动量算符的具体表达形式。

2.7.3 动量算符的表达式

在我们初次介绍动量算符的时候，利用位置平均值随时间的变化率引入了动量算符的具体形式。此外，从物质波的波动描述

$$\xi = A e^{i(kx-\omega t)}$$

中，也能够通过对空间微分得到动量的值

$$-i\hbar \frac{\partial}{\partial x} \xi = p\xi$$

这些动量的引入方式都依赖额外的假设。更基本地，动量算符的表达形式是由空间平移对称性决定的。

为了推导方便，先将波函数微分关系

$$d\psi(x) \equiv \psi(x+dx) - \psi(x) = \frac{\partial}{\partial x}\psi(x)dx$$

表示为 Dirac 记号的形式

$$\langle x+dx \mid \psi \rangle = \langle x \mid \psi \rangle + \frac{\partial}{\partial x}\langle x \mid \psi \rangle dx \tag{2.32}$$

考虑无穷小平移变换 $T(\Delta x)$ 作用在任意态 $\mid \alpha \rangle$ 上（为了不与积分 dx 混淆，这里的推导中将无穷小平移量记为 Δx）

$$\begin{aligned}
\left(1 - \frac{i\hat{p}\Delta x}{\hbar}\right)\mid \alpha \rangle &= T(\Delta x)\mid \alpha \rangle \\
&= \int dx \mid x+\Delta x \rangle\langle x \mid \alpha \rangle \\
&= \int dx \mid x \rangle\langle x - \Delta x \mid \alpha \rangle
\end{aligned}$$

利用式 (2.32)，得

$$\left(1 - \frac{i\hat{p}\Delta x}{\hbar}\right)\mid \alpha \rangle = \int dx \mid x \rangle\left(\langle x \mid \alpha \rangle - \Delta x \frac{\partial}{\partial x}\langle x \mid \alpha \rangle\right)$$

化简后为

$$\frac{i\hat{p}\Delta x}{\hbar}\mid \alpha \rangle = \int dx \Delta x \mid x \rangle\frac{\partial}{\partial x}\langle x \mid \alpha \rangle$$

由于上式对任意的平移量 Δx 和任意的态 $\mid \alpha \rangle$ 均成立，必有

$$\frac{i\hat{p}}{\hbar} = \int dx \mid x \rangle\frac{\partial}{\partial x}\langle x \mid$$

两边同时左乘 $\langle x' \mid$、右乘 $\mid x'' \rangle$，并积分，得

$$\langle x' \mid \hat{p} \mid x'' \rangle = -i\hbar\frac{\partial}{\partial x'}\delta(x'-x'') \tag{2.33}$$

至此得到了动量算符的具体表达形式。需要强调，通常的动量算符表达式

$$\hat{p} = -i\hbar\frac{\partial}{\partial x}$$

是在位置表象下的形式，严格地讲，左边的算符 $\hat{p}$ 应该表示为在位置空间的矩阵元 $\hat{p}_{x'x''}$，即如式 (2.33) 所示形式。

2.7.4　时间演化

时间演化对称性是另一个关于时空的连续对称性变换。在物理上，不同时间的物理体系通过时间演化变换相联系。由于实验的可重复性要求观测结果不依赖于时间，因此物理的观测，即量子力学中的内积，应在时间演化变换下不变。将时间演化变换作用于物理的态上便得到了态所满足的演化方程，这正是量子力学的 Schrödinger 方程所诠释的本质含义。

假设将 t_0 时刻的态 $|\alpha, t_0\rangle$ 演化到 t 时刻的变换记为 $U(t, t_0)$，即

$$|\alpha, t\rangle = U(t, t_0)|\alpha, t_0\rangle$$

Wigner 定理告诉我们，$U(t, t_0)$ 是幺正变换

$$U^{\dagger}(t, t_0)U(t, t_0) = 1$$

它保持内积不变

$$\langle\beta, t \mid \alpha, t\rangle = \langle\beta, t_0 \mid U^{\dagger}(t, t_0)U(t, t_0) \mid \alpha, t_0\rangle = \langle\beta, t_0 \mid \alpha, t_0\rangle$$

时间演化变换具有如下性质。

（1）叠加性：

$$|\alpha, t\rangle = U(t, t_0)|\alpha, t_0\rangle = U(t, t_1)|\alpha, t_1\rangle = U(t, t_1)U(t_1, t_0)|\alpha, t_0\rangle$$

即 $U(t, t_1)U(t_1, t_0) = U(t, t_0)$。

（2）单位变换：$U(t, t) = 1$。

（3）逆变换：$U^{-1}(t, t_0) = U(t_0, t)$。

（4）结合律：$U(t_3, t_2)\big[U(t_2, t_1)U(t_1, t_0)\big] = \big[U(t_3, t_2)U(t_2, t_1)\big]U(t_1, t_0)$。

在数学上 $U(t, t_0)$ 形成连续群。任意有限大的时间演化都能够通过多次作用无穷小变换得到。因此仅需要讨论无穷小演化 $U(t + dt, t)$ 的性质。考虑到

$$\lim_{dt \to 0} U(t + dt, t) = 1$$

无穷小演化算符能够表示为

$$U(t + dt, t) = 1 - i\Omega dt$$

式中：算符 Ω 是一个厄米算符。

在经典物理中，如果体系在时间演化变换下保持不变，则能量守恒。Noether 定理也表明这个守恒量就是 Ω。更详细的研究表明 Ω 与体系哈密顿量间的关系为

$$\Omega = \frac{H}{\hbar}$$

因此，无穷小演化具有如下具体形式

$$U(t + dt, t) = 1 - i\frac{H dt}{\hbar}$$

2.7.5 态的时间演化方程

利用上面的结论, 可以计算态的时间演化关系。从变换的性质出发

$$U(t + \mathrm{d}t, t_0) = U(t + \mathrm{d}t, t)U(t, t_0) = (1 - \frac{\mathrm{i}H\mathrm{d}t}{\hbar})U(t, t_0)$$

即

$$U(t + \mathrm{d}t, t_0) - U(t, t_0) = -\frac{\mathrm{i}H\mathrm{d}t}{\hbar}U(t, t_0)$$

上式左边是 U 的微分, 因此

$$\frac{\mathrm{d}U(t, t_0)}{\mathrm{d}t} = -\frac{\mathrm{i}H}{\hbar}U(t, t_0) \tag{2.34}$$

将这个关系作用在任意的态 $|\alpha\rangle$ 上, 得

$$\mathrm{i}\hbar\frac{\mathrm{d}}{\mathrm{d}t}U(t, t_0)|\alpha\rangle = HU(t, t_0)|\alpha\rangle$$

这正是用 Dirac 记号表示的 Schrödinger 方程。上面的推导表明 Schrödinger 方程是态的时间演化方程, 它本质上是时间演化对称性的必然结论。

根据微分方程 (2.34), 能够直接解出时间演化 $U(t, t_0)$ 为 [1]

$$U(t, t_0) = \mathrm{e}^{-\mathrm{i}\frac{Ht}{\hbar}}$$

将其作用在任意的态 $|\alpha\rangle$ 上, 可得 t 时刻的态为

$$U(t, t_0)|\alpha\rangle = \mathrm{e}^{-\mathrm{i}\frac{Ht}{\hbar}}|\alpha\rangle$$

考虑到哈密顿算符 H 作用在本征态上得到对应的本征值, 需要选择能量完备集来线性表示 $|\alpha\rangle$

$$|\alpha\rangle = \sum_i c_i|i\rangle$$

这样得到

$$|\alpha, t\rangle = \sum_i c_i \mathrm{e}^{-\mathrm{i}\frac{E_i t}{\hbar}}|i\rangle$$

或者, 在坐标表象下表示为波函数形式

$$\Psi_\alpha(x, t) = \sum_i c_i \psi_i(x) \mathrm{e}^{-\mathrm{i}\frac{E_i t}{\hbar}}$$

这正是态的时间演化关系式。

---

[1] 这里假定哈密顿量不显含时间。如果考虑函数哈密顿量, 当不同时刻具有对易性时, $U(t, t_0) = \mathrm{e}^{-\frac{\mathrm{i}}{\hbar}\int_{t_0}^t H\mathrm{d}t}$; 更一般地, 若 $[H(t_i), H(t_j)] \neq 0$, 则需要按照时间的先后顺序分段进行演化

$$U(t, t_0) = \mathrm{e}^{-\frac{\mathrm{i}}{\hbar}\int_{tn}^t H\mathrm{d}t}\mathrm{e}^{-\frac{\mathrm{i}}{\hbar}\int_{t_{n-1}}^{tn} H\mathrm{d}t}\cdots\mathrm{e}^{-\frac{\mathrm{i}}{\hbar}\int_{t_1}^{t2} H\mathrm{d}t}\mathrm{e}^{-\frac{\mathrm{i}}{\hbar}\int_{t_0}^{t1} H\mathrm{d}t}$$

2.7.6 量子力学理论体系

再次回到量子力学的公理化体系这一主题，正如本章所述，量子力学建立在三条基本假设的基础之上，即

(1) 物理的态由 Hilbert 空间中的矢量描述；

(2) 厄米算符是力学量的候选者，物理观测值是厄米算符的本征值；

(3) 态矢量的内积 $\langle \beta \mid \alpha \rangle$ 是从初态 $\mid \alpha \rangle$ 观测得到态 $\mid \beta \rangle$ 的概率幅。

这三条基本假设分别从态的描述、力学量、观测概率三个角度支撑起量子力学的逻辑体系。态（或者波函数）的一些性质，如力学量的本征态构成完备集、不同本征值的本征态具有完备性，是从基本假设出发得到了普遍性结论，这些性质和物理的观测紧密联系。

量子力学公理化的逻辑体系建立在物理学基础之上。在第 1 章中，Schrödinger 方程的提出、动量算符的具体形式等都是通过额外的假设提出的。它们并不能够从三条基本假设出发演绎推出。利用物理学基本对称性，Schrödinger 方程是态的时间演化方程，动量算符的具体形式是空间平移变换在位置表象下的结果。作为物理学一个分支的量子力学继承了这些物理学基本对称性，在此基础上通过基本假设搭起了量子力学的理论框架。

要将量子力学基本原理运用于全同粒子体系，还需要将全同性假设纳入进来。全同性假设只在处理全同粒子体系时才需要考虑，它并不是量子力学理论中的基本假设。

下面将以一个量子力学的典型问题为例，来说明基本假设和物理学的基本对称性所起的作用。

考虑 $t = t_0$ 时刻的一个量子体系，此时的状态用 Hilbert 空间中的矢量 $\mid \alpha, t_0 \rangle$ 描述（基本假设 1），它随时间的演化可用幺正的时间演化算符作用在 $\mid \alpha \rangle$ 上（时间演化对称性）

$$\mid \alpha, t \rangle = U(t, t_0) \mid \alpha, t_0 \rangle = \mathrm{e}^{-\mathrm{i}\frac{1}{\hbar}Ht} \mid \alpha, t_0 \rangle$$

为了方便计算演化算符，利用厄米算符本征态的完备性，选择能量本征态 $\mid n \rangle$ 作为完备的基（基本假设 (2)）对 $\mid \alpha, t_0 \rangle$ 进行展开

$$\mid \alpha, t_0 \rangle = \sum_n c_n \mid n \rangle$$

这样

$$\mid \alpha, t \rangle = \sum_n \mathrm{e}^{-\mathrm{i}\frac{1}{\hbar}E_n t} c_n \mid n \rangle$$

此时，对体系进行观测，获得某个力学量 A 取得 a_i 值的概率（此处以分立谱为例），即测量得到 $\mid a_i \rangle$ 态的概率，可以利用基本假设 (3) 由内积的模方计算得到

$$P(a_i) = |\langle a_i \mid \alpha, t \rangle|^2$$

这个例子展示了量子力学的公理化体系如何具体运用到具体问题中，它简化了量子力学建立过程中的各种原则和诸多假设，形成了一套自洽的逻辑体系。

3

库仑势中的氢原子

氢原子由一个电子和一个质子构成，具有最简单的原子结构，是展示量子力学基本原理和运用各种近似解法的首选体系。同时，丰富的氢原子光谱学观测数据，也使得它成为精确检验量子力学的试金石。

3.1　三维空间的 Schrödinger 方程

为了拓展量子力学的应用场景，需要将一维势场扩展到三维。在三维球对称势场中，波函数能够因子化为可分离变量的形式，其角空间分布具有普适的物理含义。

3.1.1　从一维形式到三维

一维空间中量子体系所满足的 Schrödinger 方程可以方便地推广到三维直角坐标。

引入三维空间中的动量算符

$$\boldsymbol{p} = -\mathrm{i}\hbar\left(\frac{\partial}{\partial x}, \frac{\partial}{\partial y}, \frac{\partial}{\partial z}\right) \equiv -\mathrm{i}\hbar\nabla$$

哈密顿量可以表示为

$$H = \frac{\boldsymbol{p}^2}{2m} + V = -\frac{\hbar^2}{2m}\nabla^2 + V(x, y, z)$$

三维空间中的定态 Schrödinger 方程成为

$$\left(-\frac{1}{2m}\nabla^2 + V(x, y, z)\right)\psi(x, y, z) = E\psi(x, y, z) \tag{3.1}$$

这里三维空间波函数 $\psi(x, y, z)$ 表示粒子处于空间点 (x, y, z) 处的概率幅，即在 (x, y, z) 处的概率为

$$\mathrm{d}P(x, y, z) = \left|\psi(x, y, z)\right|^2\mathrm{d}V$$

这里空间体积元 $\mathrm{d}V = \mathrm{d}x\mathrm{d}y\mathrm{d}z$。如果只关心某个特定维度上的分布，需要将其它维度积分积掉。例如粒子分布在 $z_1 < z < z_2$ 间隔内的概率表示为

$$P(z_1 < z < z_2) = \int\limits_{-\infty}^{+\infty}\mathrm{d}x \int\limits_{-\infty}^{+\infty}\mathrm{d}y \int\limits_{z_1}^{z_2}\mathrm{d}z\mathrm{d}P(x, y, z)$$

三维空间波函数的归一化条件能够表示为

$$\int\limits_{-\infty}^{+\infty}\mathrm{d}x \int\limits_{-\infty}^{+\infty}\mathrm{d}y \int\limits_{-\infty}^{+\infty}\mathrm{d}z|\psi(x, y, z)|^2 = 1$$

对于不含时的三维势场，波函数中的时间因子仍然能够像一维情况时一样可分离变量，含时通解具有类似的结构

$$\Psi(x, y, z; t) = \sum_i c_i\psi_i(x, y, z)\mathrm{e}^{-\mathrm{i}E_i t/\hbar}$$

式中：波函数的下标 i 标记对应的能量为 E_i。

3.1.2　球对称势场变量分离

更多时候，我们关心的势场往往具有球对称形式，即势场分布只依赖于矢径的大小 $V = V(r)$。这意味着可以选择球坐标系对波函数进行变量分离。

假设波函数可以分解为径向波函数 $R(r)$ 和角向波函数 $Y(\theta, \phi)$ 因子化乘积形式

$$\psi(r, \theta, \phi) = R(r)Y(\theta, \phi) \tag{3.2}$$

利用球坐标与直角坐标间的变换关系

$$\begin{cases} x = r\sin\theta\cos\phi \\ y = r\sin\theta\sin\phi \\ z = r\cos\theta \end{cases}$$

拉普拉斯算符 (Laplace operator 或 Laplacian) 在球坐标中可以表示为如下形式

$$\nabla^2 = \frac{1}{r^2}\frac{\partial}{\partial r}\left(r^2\frac{\partial}{\partial r}\right) + \frac{1}{r^2\sin\theta}\frac{\partial}{\partial\theta}\left(\sin\theta\frac{\partial}{\partial\theta}\right) + \frac{1}{r^2\sin^2\theta}\frac{\partial^2}{\partial\phi^2}$$

直角坐标中的 Schrödinger 方程式 (3.1) 可以在球坐标中写成

$$\left\{\frac{1}{R}\frac{\mathrm{d}}{\mathrm{d}r}\left(r^2\frac{\mathrm{d}R}{\mathrm{d}r}\right) - \frac{2mr^2}{\hbar^2}[V(r) - E]\right\} + \frac{1}{Y}\left\{\frac{1}{\sin\theta}\frac{\partial}{\partial\theta}\left(\sin\theta\frac{\partial Y}{\partial\theta}\right) + \frac{1}{\sin^2\theta}\frac{\partial^2 Y}{\partial\phi^2}\right\} = 0 \tag{3.3}$$

上式第一项仅依赖于径向坐标 r，第二项仅依赖角向变量 θ 和 ϕ。这样便实现了 r 与 θ、ϕ 的分离。引入分离变量常数 $l(l+1)$，式中: l 为正整数①。式 (3.3) 分离变量后成为两个方程

$$\frac{1}{R}\frac{\mathrm{d}}{\mathrm{d}r}\left(r^2\frac{\mathrm{d}R}{\mathrm{d}r}\right) - \frac{2mr^2}{\hbar^2}[V(r) - E] = l(l+1) \tag{3.4}$$

$$\frac{1}{Y}\frac{1}{\sin\theta}\frac{\partial}{\partial\theta}\left(\sin\theta\frac{\partial Y}{\partial\theta}\right) + \frac{1}{Y}\frac{1}{\sin^2\theta}\frac{\partial^2 Y}{\partial\phi^2} = -l(l+1) \tag{3.5}$$

第一个方程与势场 $V(r)$ 有关，是径向坐标 r 的二阶微分方程，通常称为径向方程。第二个方程与角向变量 θ、ϕ 有关，称为角向方程。角向方程的显著特征是与势场 $V(r)$ 无关，对于任意的球对称势场具有普适的形式。因此，求解球对称势场中的 Schrödinger 方程问题简化为求解一维径向方程问题。总的波函数为求解径向方程所得的径向波函数 $R(r)$ 与角向波函数 $Y(\theta, \phi)$ 的乘积，即式 (3.2)。

分离变量后的波函数归一化条件可以表示为

$$\int_0^{+\infty} \mathrm{d}r|R|^2 r^2 = 1 \tag{3.6}$$

$$\int_0^\pi \mathrm{d}\theta \int_0^{2\pi} \mathrm{d}\phi|Y|^2 \sin\theta = 1 \tag{3.7}$$

根据统计解释，径向归一化条件式 (3.6) 表示粒子位置 r 在 $(0, \infty)$ 内必定存在，角向归一化条件式 (3.7) 则表示粒子在 4π 立体角内也必定存在。

---

① 这里的分离变量常数 $l(l+1)$，以及稍后角向变量 θ 与 ϕ 分离时引入的 m^2 都与角动量密切相关，我们将在稍后的角动量章节中详细分析 $l(l+1)$ 与 m^2 的物理含义。

3.1.3　角向方程求解

下面讨论角向方程 (3.4) 的普适解。尝试将角向变量 θ、ϕ 再次分离成因子化形式

$$Y(\theta,\phi) = \Theta(\theta)\Phi(\phi) \tag{3.8}$$

角向方程化为

$$\left\{\frac{1}{\Theta}\left[\sin\theta\frac{\mathrm{d}}{\mathrm{d}\theta}\left(\sin\theta\frac{\mathrm{d}\Theta}{\mathrm{d}\theta}\right)\right] + l(l+1)\sin^2\theta\right\} + \left\{\frac{1}{\Phi}\frac{\mathrm{d}^2\Phi}{\mathrm{d}\phi^2}\right\} = 0$$

方程左边第一项仅依赖变量 θ，第二项仅依赖变量 ϕ，表明 θ、ϕ 两个变量可分离。引入 m^2 作为分离变量的常数，方程变形为

$$\frac{1}{\Theta}\left[\sin\theta\frac{\mathrm{d}}{\mathrm{d}\theta}\left(\sin\theta\frac{\mathrm{d}\Theta}{\mathrm{d}\theta}\right)\right] + l(l+1)\sin^2\theta = m^2 \tag{3.9}$$

$$\frac{1}{\Phi}\frac{\mathrm{d}^2\Phi}{\mathrm{d}\phi^2} = -m^2 \tag{3.10}$$

至此，对于三维球对称势场，波函数在球坐标系中具有可分离变量的形式

$$\psi(r,\theta,\phi) = R(r)Y(\theta,\phi) = R(r)\Theta(\theta)\Phi(\phi) \tag{3.11}$$

式中：径向波函数 $R(r)$ 由径向方程 (3.4) 决定。与势场无关的 $\Theta(\theta)$ 和 $\Phi(\phi)$ 分别求解如下。

1. Φ 方程

方程 (3.10) 的解为

$$\Phi = \mathrm{e}^{\pm im\phi}$$

式中：m 为非负整数。或者采用习惯的表达方式，将 m 的取值扩充为所有整数，即 $m = 0, \pm 1, \pm 2, \cdots$，上式的 Φ 可以表示为

$$\Phi = \mathrm{e}^{im\phi}$$

2. Θ 方程

在数学上，方程 (3.9) 的解[①]为连带勒让德函数 (associated Legendre function)

$$\Theta = \mathrm{P}_l^m(\cos\theta)$$

$$\mathrm{P}_l^m(x) \equiv (1-x^2)^{|m|/2}\left(\frac{\mathrm{d}}{\mathrm{d}x}\right)^{|m|}\mathrm{P}_l(x) \tag{3.12}$$

式中：勒让德函数 P_l 的定义为

$$\mathrm{P}_l(x) \equiv \frac{1}{2^l l!}\left(\frac{\mathrm{d}}{\mathrm{d}x}\right)^l (x^2-1)^l$$

---

① 在数学上，方程 (3.9) 还有另一个独立的解，由于该解在 $\theta = 0, \pi$ 时趋于无穷，不符合物理要求，故舍去。

从连带勒让德函数的表达式 (3.12) 可知，仅当微分的幂次小于等于多项式 $(x^2-1)^l$ 的最高幂次时，P_l^m 才非零。这要求 m 与 l 的取值之间满足关系式

$$|m| \leqslant l$$

即对于固定取值的 l，m 可取 $2l+1$ 个可能的值

$$m = -l, -l+1, -l+2, \cdots, -1, 0, 1, \cdots, l-1, l$$

对于 $l=0,1,2$ 的情况，勒让德函数具体的形式为

$$P_0(x) = 1$$
$$P_1(x) = x$$
$$P_2(x) = \frac{1}{2}(3x^2 - 1)$$

$P_n(x)$ 具有确定的奇偶性，n 为奇数时，P_n 为奇函数；n 为偶数时，P_n 为偶函数。图3.1 绘制出了 $n=1,2,3,4$ 时的勒让德函数 $P_n(\cos\theta)$。

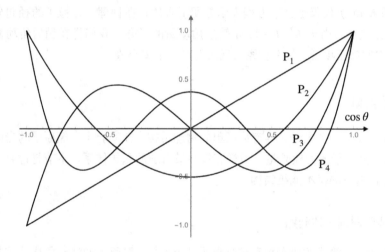

图 3.1 勒让德函数 $P_1(\cos\theta)$、$P_2(\cos\theta)$、$P_3(\cos\theta)$、$P_4(\cos(\theta))$

将 Θ 和 Φ 的表达式代入式 (3.8) 得

$$Y_l^m(\theta, \phi) = \epsilon \sqrt{\frac{(2l+1)}{4\pi} \frac{(l-|m|)!}{(l+|m|)!}} e^{im\phi} P_l^m(\cos\theta)$$

式中：当 $m \leqslant 0$ 时 $\epsilon = (-1)^m$，当 $m \geqslant 0$ 时 $\epsilon = 1$；Y_l^m 称为球谐函数。在数学上可证明球谐函数满足正交性关系

$$\int_0^\pi \sin\theta d\theta \int_0^{2\pi} d\phi (Y_l^m)^* Y_{l'}^{m'} = \delta_{ll'}\delta_{mm'}$$

3.1.4　约化径向方程和有效势

方程（3.4）是关于一维径向变量 r 的二次方程，为了更方便表示方程，定义约化径向波函数

$$u(r) \equiv rR(r)$$

用 $u(r)$ 重新表示的 Schrödinger 方程形式为

$$-\frac{\hbar^2}{2m}\frac{\mathrm{d}^2}{\mathrm{d}r^2}u(r) + \left[V + \frac{\hbar^2}{2m}\frac{l(l+1)}{r^2}\right]u(r) = Eu(r)$$

将上式左边第二项中括号的表达式定义为有效势场

$$V_{\mathrm{eff}} \equiv V + \frac{\hbar^2}{2m}\frac{l(l+1)}{r^2}$$

此时径向方程表示成与一维定态 Schrödinger 方程类似的形式

$$-\frac{\hbar^2}{2m}\frac{\mathrm{d}^2}{\mathrm{d}r^2}u(r) + V_{\mathrm{eff}}u(r) = Eu(r)$$

约化径向波函数 $u(r)$ 仅仅是为了方程表示方便引入的，在物理上，粒子的径向分布概率仍然由 $R(r)$ 的模方决定。由于 $\hbar^2 l(l+1)$ 是轨道角动量的平方（我们将在稍后角动量部分详细讨论），有效势中的修正项 $\frac{\hbar^2}{2m}\frac{l(l+1)}{r^2}$ 在经典意义上对应于离心势。

3.2　氢原子基础

氢原子核外仅有一个电子，具有最简单的物理结构，在实验上，氢原子的光谱有着精确的测量值。因此，氢原子成为检验量子力学有效性最合适的量子体系。本节将计算氢原子的核外电子受库仑力作用下的基本能级结构。

3.2.1　从二体问题到一体问题

氢原子包括质子构成的原子核和核外电子两个对象，氢原子的波函数描述核与电子两者共同运动状态。在略去各种复杂的修正效应时，核外电子仅受到核的库仑力作用，势场可以写为

$$V(r) = -\frac{e^2}{4\pi\epsilon_0}\frac{1}{r}$$

式中：r 为电子离核距离。定态 Schrödinger 方程为

$$\left\{\hat{T}_1 + \hat{T}_2 + V(r)\right\}\Psi(\boldsymbol{r}_1, \boldsymbol{r}_2) = E_{\mathrm{total}}\Psi(\boldsymbol{r}_1, \boldsymbol{r}_2)$$

式中：$\hat{T}_1$、$\hat{T}_2$ 分别为质子和电子的动能算符；E_{total} 为体系的总能量。波函数 $\Psi(\boldsymbol{r}_1, \boldsymbol{r}_2)$ 表示质子处在 $\boldsymbol{r}_1$ 位置，且电子处在 $\boldsymbol{r}_2$ 位置的概率幅。

在有心力作用下，二体问题可以通过选择适当的质心坐标严格地化为一体问题。定义质心坐标 r_c 和相对运动坐标 r 为

$$r_c = \frac{M_1 r_1 + M_2 r_2}{M}$$
$$r = r_1 - r_2$$

用 r_c 和 r 表示的 Schrödinger 方程为

$$\left[\hat{T}_c + \hat{T}_r + V(r)\right]\Psi(r_c, r) = E_{total}\Psi(r_c, r)$$

式中：$\hat{T}_c = -\frac{\hbar^2}{2M}\nabla_c^2$ 为质心动能算符；$\hat{T}_r = -\frac{\hbar^2}{2\mu}\nabla_r^2$ 为相对运动动能算符；$M = M_1 + M_2$ 为总质量；$\mu = \frac{M_1 M_2}{M}$ 为约化质量。此时，可以将变量 r_c 与 r 分离。引入

$$\Psi(r_c, r) = \phi(r_c)\psi(r)$$

代入 Schrödinger 方程，质心波函数 $\phi(r_c)$ 和相对运动波函数 $\psi(r)$ 分别满足如下方程

$$\hat{T}_c\phi(r_c) = E_c\phi(r_c) \tag{3.13}$$
$$(\hat{T}_r + V(r))\psi(r) = E\psi(r) \tag{3.14}$$

总能量 E_{total} 为质心能量 E_c 与相对运动能量 E 之和

$$E_{total} = E_c + E$$

从上式可知，质心运动方程 (3.13) 反映二体系统整体运动，它并不依赖于相对势能 $V(r)$。通常，我们在二体问题中只关心两个质点的相对运动情况，取两者连线为 r 的方向，相对运动则仅依赖于 r 的大小，此时二体问题转换为一体问题，即

$$\left[-\frac{\hbar^2}{2\mu}\frac{\partial^2}{\partial r^2} + V(r)\right]\psi(r) = E\psi(r)$$

3.2.2　氢原子能级

采用约化径向波函数数 $u(r) = rR(r)$，氢原子的径向方程为

$$-\frac{\hbar^2}{2m}\frac{d^2}{dr^2}u(r) + \left[V(r) + \frac{\hbar^2}{2m}\frac{l(l+1)}{r^2}\right]u(r) = Eu(r) \tag{3.15}$$

式中：$V(r)$ 为库仑势。求解上面的方程能够得到氢原子能级的径向分布规律[①]。

我们采用类似于一维简谐振子解析解法的思路来求解这个方程，即通过构造渐进形式的解，求出渐进解满足的关系，再讨论解的敛散性，给出能级量子化的物理结果。

---

① 由于约化质量 $\mu = m_e m_p/(m_e + m_p) \simeq m_e$，此处的径向方程采用了电子质量 $m = m_e$。改用更精确的约化质量的情况将在氢原子精细结构中讨论。

为了使方程形式上简单，引入如下变量

$$\kappa = \frac{\sqrt{-2mE}}{\hbar}$$

$$\rho = \kappa r$$

$$\rho_0 = \frac{me^2}{2\pi\epsilon_0\hbar^2\kappa}$$

径向方程（3.15）变为

$$\frac{\mathrm{d}^2 u}{\mathrm{d}\rho^2} = \left[1 - \frac{\rho_0}{\rho} + \frac{l(l+1)}{\rho^2}\right] u \tag{3.16}$$

新的参数 ρ 表征了无量纲化的径向坐标，此时方程有两个渐进点 $\rho = 0$ 和 $\rho = \infty$，分别对应原点 $r = 0$ 和无穷远点 $r = \infty$。

（1）在 $\rho = \infty$ 处，方程（3.16）右边第二项和第三项中 ρ 的负幂次趋于零，常数项占据主导，渐进方程为

$$\frac{\mathrm{d}^2 u}{\mathrm{d}\rho^2} = u$$

对应的通解为

$$u = Ae^{-\rho} + Be^{+\rho}$$

由于 $e^{+\rho}$ 在 $\rho = \infty$ 处发散，因此取 $B = 0$。

（2）在另一个渐进点 $\rho = 0$，方程（3.16）右边第三项 ρ^{-2} 项起支配作用，方程近似形式为

$$\frac{\mathrm{d}^2 u}{\mathrm{d}\rho^2} = \frac{l(l+1)}{\rho^2} u$$

对应的解为

$$u = C\rho^{l+1} + D\rho^{-l}$$

考虑到在原点附近的无穷小邻域内，波函数的概率密度正比于 $|R(\rho)|^2\rho^2\mathrm{d}\rho$，即 $|u(\rho)|^2\mathrm{d}\rho$。随着 $\rho \to 0$，邻域体积元趋于零，概率密度也必须趋于零。但是，ρ^{-l} 的解在 $\rho \to 0$ 时引起概率密度无穷大，故必须取 $D = 0$。

结合波函数在上面两点处的渐进行为，可以构造出波函数的形式

$$u(\rho) = \rho^{l+1}e^{-\rho}v(\rho) \tag{3.17}$$

式中：$v(\rho)$ 表示未知的函数，它需要保证在 $\rho = 0$ 和 $\rho = \infty$ 两个点的渐进性质不变。

将构造波函数（3.17）代入径向方程，方程化为关于 $v(\rho)$ 的微分方程

$$\rho\frac{\mathrm{d}^2 v}{\mathrm{d}\rho^2} + 2(l+1-\rho)\frac{\mathrm{d}v}{\mathrm{d}\rho} + [\rho_0 - 2(l+1)]v = 0 \tag{3.18}$$

现在，利用级数展开的方法确定 $v(\rho)$ 的形式。假设 $v(\rho)$ 的展开表达式为

$$v(\rho) = \sum_{j=0}^{+\infty} c_j\rho^j$$

代入方程（3.18），可得展开系数 c_i 满足如下递推关系

$$c_{j+1} = \frac{2(j+l+1) - \rho_0}{(j+1)(j+2l+2)} c_j \tag{3.19}$$

这个关系表明：如果已知系数 c_0，可以逐级计算得到 $c_1, c_2, \cdots$；另一方面初始化系数 c_0 可以根据波函数的归一化条件最后确定；因此，递推关系（3.19）已经完全确定了构造波函数中的 $v(\rho)$ 函数的形式。

习题 3.1

假设氢原子核外电子能量 $E = -10$ eV，取初始化系数 $c_0 = 1$，编程计算 $v(\rho)$，并用数值做图画出 $v(\rho)$ 随 ρ 的变化。讨论 $\rho \to \infty$ 时的函数图像。

需要注意，已经解得的 $v(\rho)$ 需要能够保持在 $\rho = 0$ 和 ∞ 两个点处的波函数的渐进行为。对于 $v(\rho)$ 的无穷级数形式，在展开项非常大时（$j \gg 1$），递推关系式（3.19）的近似为

$$c_{j+1} \simeq \frac{2}{j+1} c_j$$

或者写成

$$c_j \simeq \frac{2^j}{j!} c_0$$

这导致了 $v(\rho)$ 在 $\rho \to \infty$ 时趋向于如下行为的函数

$$v(\rho) \sim c_0 e^{2\rho}$$

在 $\rho \to \infty$ 时，$v(\rho)$ 严重发散，破坏了径向波函数原有的渐进性要求，最终导致约化径向波函数在无穷远处发散

$$u(\rho) = c_0 \rho^{l+1} e^{-\rho} v(\rho) \sim c_0 \rho^{l+1} e^{\rho}$$

这个发散的解在物理上不能对应任何实际的物理情况，物理的解必须在无穷远处收敛才能满足统计解释。如何从上面的求解中找出满足物理实际的收敛解呢？

观察递推关系式（3.19），如果从某一项 c_j 开始，能够推出 c_{j+1} 为零，就会使递推关系产生截断，$v(\rho)$ 将不再发散。设非零 c_j 对应的最大的 j 为 $j_{\max}$，它要求递推关系的分子上的表达式满足截断关系

$$2(j_{\max} + l + 1) - \rho_0 = 0$$

引入一个新的量子数 n（称为主量子数[①]），定义为

$$n = j_{\max} + l + 1$$

[①] 在仅考虑库仑势的情况下，氢原子的能级主要由量子数 n 决定；当考虑氢原子的精细结构后，能级还受到其它量子数的修正。

对于给定的 n，l 量子数的最大值可取到 $l=n-1$，最小值为 $l=0$，故 l 量子数可取值范围为
$l=0,1,2,\cdots,n-1$。用主量子数 n 表示的截断条件为

$$\rho_0 = 2n$$

代入 ρ_0 的定义，得到能量量子化条件

$$E_n = -\left[\frac{m}{2\hbar^2}\left(\frac{e^2}{4\pi\epsilon_0}\right)^2\right]\frac{1}{n^2}$$

这个公式即著名的 Bohr 公式。能量量子化条件表明：只有满足能量量子化的波函数才不会发散，才能代表真实存在的物理状态。氢原子的完整波函数由径向波函数和角向波函数两个因子构成，分别用主量子数 n、角量子数 l 和磁量子数 m 三个量子数依次标记，具体形式为

$$\Psi_{nlm}(r,\theta,\phi) = R_{nl}(r)Y_l^m(\theta,\phi)$$
$$R_{nl} = \frac{1}{r}\rho^{l+1}e^{-\rho}v(\rho)$$

式中：参数 $\rho=\frac{r}{an}$。多项式 $v(\rho)$ 的展开系数满足递推关系（3.19）。

3.2.3　基态能量与基态波函数

利用 Bohr 公式，最低的能量状态 $n=1$ 对应的能量为

$$E_1 \simeq -13.6 \text{ eV}$$

处在基态 $n=1$，由角量子数的取值可知 l 仅能取 $l=0$。再由 $j_{\max}=n-l-1$，得 $j_{\max}=0$，因此 $v(\rho)$ 的首项展开系数 c_0 任意，其余系数为

$$c_i = 0 \quad (i\geqslant 1)$$

径向波函数 $R_{nl}=R_{10}$

$$R_{10} = \frac{c_0}{a_0}e^{-\frac{r}{a_0}}$$

式中：a_0 为 Bohr 半径

$$a_0 \equiv \frac{4\pi\epsilon_0\hbar^2}{me^2} = 0.529\times10^{-10} \text{ cm}$$

由于基态 $l=0,m=0$，球谐函数 $Y_0^0=1$，根据选取的归一化条件式 (3.6) 和式 (3.7)，最终归一化的基态波函数 $\Psi_{nlm}=\Psi_{100}$ 为

$$\Psi_{100} = \frac{2}{\sqrt{a_0^3}}e^{-\frac{r}{a_0}}$$

基态波函数能够描述氢原子核外电子的概率分布情况。在球坐标中，概率密度在角向的分布由角向波函数 Y_l^m 描述。对应 $nlm=100$ 的基态，Y_0^0 在空间各项分布对称。对于径向分布，由于

$$dP(r) = \int_0^\pi \sin\theta d\theta \int_0^{2\pi} d\phi R_{10}^*(Y_0^0)^* R_{10}Y_0^0 r^2 dr$$
$$= R_{10}^* R_{10} r^2 dr$$

即径向概率密度 $\rho(r) = \frac{\mathrm{d}P(r)}{\mathrm{d}r}$ 为

$$\rho(r) = \frac{4}{a_0^3} r^2 \mathrm{e}^{-\frac{2r}{a_0}} \mathrm{d}r$$

$\rho(r)$ 的极大值出现在 a_0 处，这正是 Bohr 定态轨道所在的位置，如图3.2 所示。

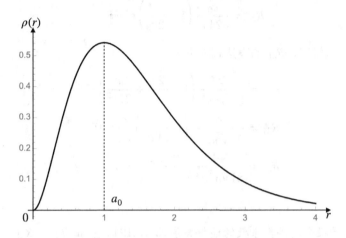

图 3.2　氢原子 Ψ_{100} 态径向概率密度

在有限区间上，粒子的分布概率能够通过积分计算

$$P(r \in (r_1, r_2)) = \int_{r_1}^{r_2} \mathrm{d}r \, \rho(r)$$

表3.1 列出了一些典型区间上的概率结果。

表 3.1　氢原子 Ψ_{100} 态的概率分布

r	$(0.9a_0, 1.1a_0)$	$(0, a_0)$	$(0, 2a_0)$	$(0, 5a_0)$
$P(r)$	0.179	0.3233	0.7619	0.9973

3.2.4　氢原子激发态

氢原子激发态 $n = 2$ 的能量为

$$E_2 = \frac{E_1}{2^2} \simeq -3.4 \text{ eV}$$

角量子数 l 可取 $l = 0, 1$。

（1）$l = 0$。

当 $l = 0$ 时，磁量子数 $m = 0$，此时波函数为 Ψ_{200}。根据递推公式（3.19）可知

$$R_{20} = \frac{c_0}{2a_0} \left(1 - \frac{r}{2a}\right) \mathrm{e}^{-\frac{r}{2a_0}}$$

式中: $v(\rho)$ 展开式的零阶项 c_0 可由归一化条件确定。

（2）$l = 1$。

当 $l = 1$ 时，磁量子数 $m = -1, 0, 1$，此时波函数为 $\Psi_{21-1}, \Psi_{210}, \Psi_{211}$。径向波函数 R_{21} 可由递推公式（3.19）计算得到

$$R_{21} = \frac{c_0}{324a_0}\left(1 - \frac{r}{2a_0}\right)\mathrm{e}^{-\frac{r}{2a_0}}$$

对于 $n = 3$ 的激发态，R_{3l} 的表达式如下

$$R_{30} = \frac{2}{3\sqrt{3}a^{3/2}}\left(1 - \frac{2r}{3a_0} + \frac{2r^2}{27a_0^2}\right)\mathrm{e}^{-\frac{r}{3a_0}} \tag{3.20}$$

$$R_{31} = \frac{8}{27\sqrt{6}a^{3/2}}\left(1 - \frac{r}{6a_0}\right)\frac{r}{a_0}\mathrm{e}^{-\frac{r}{3a_0}} \tag{3.21}$$

$$R_{32} = \frac{4}{81\sqrt{30}a^{3/2}}\frac{r^2}{a_0^2}\mathrm{e}^{-\frac{r}{3a_0}} \tag{3.22}$$

习题 3.2

利用氢原子径向波函数系数的递推关系式（3.19），验证 R_{30}、R_{31}、R_{32} 的表达式（3.20）、（3.21）和（3.22）。

习题 3.3

当氢原子分别处在 Ψ_{200}、Ψ_{300} 时，绘制分布概率密度 $\rho(r)$ 随 r 变换的图像，计算 $\rho(r)$ 的极大值位置和平均值 $\langle r \rangle$。

4

角动量

轨道角动量决定了球对称势场的空间分布，是理解氢原子轨道结构的基础，也为认识内部空间中的自旋提供了一般性的理论基础。

4.1　轨道角动量

在前面讨论球对称势场中波函数的变量分离时，引入了分离变量常数 $l(l+1)$ 和 m^2，它们与轨道角动量有着密切的关系。这一节将讨论轨道角动量的本质值问题，表明这些分离变量常数的物理意义。

在经典物理中，轨道角动量定义为

$$L = r \times p$$

或者表示为分量形式

$$L_i = \epsilon_{ijk} r_j p_k$$

式中：ϵ_{ijk} 为三阶全反对称张量，其取值规定为 $\epsilon_{123} = 1$，任意两个角标的偶置换为 1，奇置换为 -1。

在量子力学中轨道角动量可以类似定义为[①]

$$L = r \times p = \frac{\hbar}{i} r \times \nabla \tag{4.1}$$

或者用分量表示为

$$L_x = y p_z - z p_y$$
$$L_y = z p_x - x p_z$$
$$L_z = x p_y - y p_x$$

利用位置算符与动量算符的对易关系，可知轨道角动量各分量之间满足对易关系

$$[L_i, L_j] = i\hbar \epsilon_{ijk} L_k \tag{4.2}$$

> **习题 4.1**
>
> 证明角动量算符的对易关系式 (4.2)。

由于角动量平方算符

$$L^2 = L_x^2 + L_y^2 + L_z^2$$

与各分量 L_i 对易，可以选取 (L^2, L_z) 构成完备集，用 L^2、L_z 对应的量子数来分类物理的态。因此，需要讨论 L^2 与 L_z 的共同本征态问题。与一维简谐振子问题类似，这里也有两种方法：解析解法和升降算符解法。下面将分别进行讨论。

[①] 这里的角动量是从经典角动量出发，将其算符化后定义为式 (4.1)。现代物理理论中，角动量的定义是从对称性的角度建立的，后者既适用于轨道角动量，也适用于自旋角动量。

4.1.1　角动量本征态的解析解法

利用坐标变换关系，角动量各分量可以表示为

$$\boldsymbol{L} = L_x \hat{\boldsymbol{i}} + L_y \hat{\boldsymbol{j}} + L_z \hat{\boldsymbol{k}}$$

$$L_x = \frac{\hbar}{\mathrm{i}}\left(-s_\phi \partial_\theta - c_\phi \cot\theta \partial_\phi\right)$$

$$L_y = \frac{\hbar}{\mathrm{i}}\left(c_\phi \partial_\theta - s_\phi \cot\theta \partial_\phi\right)$$

$$L_z = \frac{\hbar}{\mathrm{i}}\partial_\phi \tag{4.3}$$

式中：$\partial_\theta \equiv \frac{\partial}{\partial\theta}$，$s_\phi \equiv \sin\phi$，$c_\phi \equiv \cos\phi$。

利用矢量微分算符 ∇ 在球坐标系中表达式

$$\nabla = \hat{\boldsymbol{r}}\frac{\partial}{\partial r} + \hat{\boldsymbol{\theta}}\frac{1}{r}\frac{\partial}{\partial\theta} + \hat{\boldsymbol{\phi}}\frac{1}{r\sin\theta}\frac{\partial}{\partial\phi}$$

式中：$\hat{\boldsymbol{r}}$、$\hat{\boldsymbol{\theta}}$、$\hat{\boldsymbol{\phi}}$ 代表球坐标三个方向的单位基矢，轨道角动量 $\boldsymbol{L}$ 可以表示为

$$\begin{aligned}\boldsymbol{L} &= \frac{\hbar}{\mathrm{i}}\boldsymbol{r}\times\nabla \\ &= \frac{\hbar}{\mathrm{i}}\left[r(\hat{\boldsymbol{r}}\times\hat{\boldsymbol{r}})\frac{\partial}{\partial r} + (\hat{\boldsymbol{r}}\times\hat{\boldsymbol{\theta}})\frac{\partial}{\partial\theta} + (\hat{\boldsymbol{r}}\times\hat{\boldsymbol{\phi}})\frac{\partial}{\partial\phi}\right] \\ &= -\mathrm{i}\hbar\left(\hat{\boldsymbol{\phi}}\frac{\partial}{\partial\theta} - \hat{\boldsymbol{\theta}}\frac{1}{\sin\theta}\frac{\partial}{\partial\phi}\right)\end{aligned}$$

角动量平方算符 $\boldsymbol{L}^2$ 在球坐标中的表达式为

$$\boldsymbol{L}^2 = -\hbar^2\left[\frac{1}{s_\theta}\partial_\theta(s_\theta\partial_\theta) + \frac{1}{s_\theta^2}\partial^2\phi\right] \tag{4.4}$$

在数学物理中，我们已经知道上式对应的本征函数为球谐函数 Y_l^m，即

$$\boldsymbol{L}^2\mathrm{Y}_l^m = l(l+1)\hbar^2\mathrm{Y}_l^m$$

方程 (4.4) 对应的本征方程正是之前分离三维 Schrödinger 方程时的角向方程式 (3.5)，即

$$-\hbar^2\left\{\frac{1}{\sin\theta}\frac{\partial}{\partial\theta}\left(\sin\theta\frac{\partial}{\partial\theta}\right) + \frac{1}{\sin^2\theta}\frac{\partial^2}{\partial\phi^2}\right\}\mathrm{Y}_l^m = l(l+1)\hbar^2\mathrm{Y}_l^m$$

利用上面的结果，径向方程式 (3.4) 也可以用角动量平方算符表示为

$$-\frac{\hbar^2}{2m}\frac{\mathrm{d}^2}{\mathrm{d}r^2}u(r) + \left[V + \frac{\boldsymbol{L}^2}{2mr^2}\right]u(r) = Eu(r)$$

另一方面，利用式 (4.3)，L_z 算符的本征方程为

$$-\mathrm{i}\hbar\partial_\phi\mathrm{Y}_l^m = m\hbar\mathrm{Y}_l^m$$

这与角向变量分离时的 $\varPhi$ 方程式 (3.10) 等价。

至此，已经得到角动量 $\boldsymbol{L}^2$ 和 L_z 的共同本质函数为球谐函数 Y_l^m。此前在三维中心势场中波函数分离标量时引入的常数正是它们的本征值。

4.1.2　角动量的升降算符解法

不失一般性，假设 $\boldsymbol{L}^2$、L_z 算符的共同本征态标记为 $|a,b\rangle$，式中：a、b 分别对应于 $\boldsymbol{L}^2$、L_z 的本征值，即

$$\boldsymbol{L}^2 \,|\, a,b\rangle = a \,|\, a,b\rangle \tag{4.5}$$

$$L_z \,|\, a,b\rangle = b \,|\, a,b\rangle \tag{4.6}$$

为寻找本征值 a、b 之间的关系，将 L_x、L_y 组合成新算符，定义

$$L_\pm \equiv L_x \pm \mathrm{i}L_y$$

新算符 $L_\pm$ 的性质可以通过与算符的对易关系和对态的作用两个方面来刻画。

先来讨论新算符 $L_\pm$ 与 $\boldsymbol{L}^2$、L_z 算符之间的对易关系。计算可知

$$[L_z, L_\pm] = \pm\hbar L_\pm$$

$$[\boldsymbol{L}^2, L_\pm] = 0$$

将 $L_\pm$ 作用在态 $|a,b\rangle$ 上，可以得到一个新的态 $L_\pm |a,b\rangle$。这个新的态的特征可以通过施加算符 $\boldsymbol{L}^2$、L_z 的作用来揭示。将 L_z 算符作用在态 $L_\pm |a,b\rangle$ 上，利用对易关系可知

$$L_z\big(L_\pm \,|\, a,b\rangle\big) = L_\pm L_z \,|\, a,b\rangle \pm \hbar L_\pm \,|\, a,b\rangle$$

$$= (b \pm \hbar)L_\pm \,|\, a,b\rangle$$

这表明：新的态 $L_\pm |a,b\rangle$ 是 L_z 算符的本征态，对应于本征值 $b \pm \hbar$。因此，$L_\pm$ 算符作用于态 $|a,b\rangle$ 后，将量子数 b 升高或降低一个 $\hbar$。

再考察将 $\boldsymbol{L}^2$ 算符作用在态 $L_\pm |a,b\rangle$ 上的性质，由对易关系可知

$$\boldsymbol{L}^2 L_\pm \,|\, a,b\rangle = L_\pm \boldsymbol{L}^2 \,|\, a,b\rangle = aL_\pm \,|\, a,b\rangle$$

这表明：新的态 $L_\pm |a,b\rangle$ 也是 $\boldsymbol{L}^2$ 算符的本征态，对应本征值仍为 a。

利用上面的结论，将 L_+ 算符多次作用在 $|a,b\rangle$ 上，将得到

$$|a,b+\hbar\rangle, |a,b+2\hbar\rangle, |a,b+3\hbar\rangle, \cdots$$

将 L_- 算符多次作用在 $|a,b\rangle$ 上，类似得到

$$|a,b-\hbar\rangle, |a,b-2\hbar\rangle, |a,b-3\hbar\rangle, \cdots$$

这样，我们得到了 L_z 的本征值谱为

$$\cdots, b-2\hbar, b-\hbar, b, b+\hbar, b+2\hbar, \cdots$$

它向上向下无限延伸。

当考虑 $\boldsymbol{L}^2$ 算符的效应后，这种无限的本征值谱将受到限制。由于角动量各分量 L_i 和 $\boldsymbol{L}^2$ 均为物理可观测量，根据量子力学的基本假设，它们对应的算符为厄米算符，本征值为实数。因此，$\boldsymbol{L}^2$ 算符的本征值 a 必定大于等于 L_z^2 的本征值 b^2，或者表示为

$$-\sqrt{a} \leqslant b \leqslant \sqrt{a}$$

这表明 L_z 的本征值谱不能够无限延伸，一定存在上限和下限。设 $b_{\min}$、$b_{\max}$ 分别为 b 的上下限，因此有以下截断条件

$$L_+ \mid a, b_{\max}\rangle = 0 \tag{4.7}$$

$$L_- \mid a, b_{\min}\rangle = 0 \tag{4.8}$$

即 $\mid a, b_{\max}\rangle$ 不能通过作用 L_+ 算符继续升高 L_z 的量子数 $b_{\max}$。对于 $\mid a, b_{\min}\rangle$ 的截断条件也与之类似。

现在已经知道了 L_z 的量子数是有界的，那么 $b_{\min}$、$b_{\max}$ 究竟取值如何呢？

考虑组合算符 $L_- L_+$ 作用在态 $\mid a, b_{\max}\rangle$ 上，由于式 (4.7) 的性质，可知

$$L_- L_+ \mid a, b_{\max}\rangle = L_-\big(L_+ \mid a, b_{\max}\rangle\big) = 0 \tag{4.9}$$

另一方面，由于已知 $\boldsymbol{L}^2$、L_z 作用在态上的运算性质，即式 (4.5)、式 (4.6)，可以将组合算符 $L_- L_+$ 用 $\boldsymbol{L}^2$、L_z 算符表示成

$$L_- L_+ = L_x^2 + L_y^2 - i(L_y L_x - L_x L_y)$$
$$= \boldsymbol{L}^2 - L_z^2 - \hbar L_z$$

因此，结合式 (4.9) 可得

$$0 = L_- L_+ \mid a, b_{\max}\rangle$$
$$= (\boldsymbol{L}^2 - L_z^2 - \hbar L_z) \mid a, b_{\max}\rangle$$
$$= (a - b_{\max}^2 - \hbar b_{\max}) \mid a, b_{\max}\rangle$$

上式给出量子数 a 与 $b_{\max}$ 满足的关系，即

$$a = b_{\max}^2 + \hbar b_{\max} \tag{4.10}$$

同理，利用组合算符 $L_+ L_-$ 作用在态 $\mid a, b_{\min}\rangle$ 上可得到量子数 a 与 $b_{\min}$ 满足的关系为

$$a = b_{\min}^2 - \hbar b_{\min} \tag{4.11}$$

习题 4.2

仿照式 (4.10) 的推导，证明式 (4.11)。

利用上面得到的量子数关系，可得

$$b_{\max}(b_{\max} + \hbar) = b_{\min}(b_{\min} - \hbar)$$

其解为

$$b_{\max} = -b_{\min}$$

至此，得到了 L_z 量子数的上限与下限间的关系。从 $|a, b_{\min}\rangle$ 态出发，重复作用 L_z 算符，将得到不断升高的 L_z 量子数，直到达到 $b_{\max}$ 后截断。因此，L_z 的本征谱为

$$b_{\min}, \; b_{\min} + \hbar, \; b_{\min} + 2\hbar, \cdots, \; b_{\min} + n\hbar, \cdots, b_{\max}$$

这表明 $b_{\min}$ 与 $b_{\max}$ 之间有整数个 $\hbar$。引入新的量子数 l，将其定义为

$$l \equiv \frac{b_{\max} - b_{\min}}{2\hbar} = \frac{b_{\max}}{\hbar}$$

量子数 l 表示 $b_{\min}$ 与 $b_{\max}$ 之间有多少个 $\hbar/2$。这样，用新的量子数 l 可以表示之前式 (4.5) 中定义的 a

$$a = b_{\max}^2 + \hbar b_{\max} = l^2\hbar^2 + l\hbar^2 = l(l+1)\hbar^2$$

再引入一个新量子数 m，用来表示量子数 b 在 L_z 本征谱中的位置

$$b = m\hbar$$

m 量子数的取值范围为

$$m = -l, \; -l + 1, \; \cdots, \; l - 1, \; l$$

恰好对应了 b 取 $-b_{\max}, -b_{\max} + \hbar, \cdots, b_{\max} - \hbar, b_{\max}$，共有 $(2l + 1)$ 个取值。

采用新的 l、m 量子数后，角动量本征态 $|a, b\rangle$ 重新标记为 $|l, m\rangle$，满足

$$\boldsymbol{L}^2 |l, m\rangle = l(l+1)\hbar^2 |l, m\rangle$$

$$L_z |l, m\rangle = m\hbar |l, m\rangle$$

需要注意：当 l 为半整数时，m 共有偶数个取值（不能取到 0）；当 l 为整数时，m 共有奇数个取值（可以取到 0）。对于轨道角动量，l 量子数仅能取整数，不能取半整数；l 取半整数的情况仅对自旋角动量适用（自旋角动量 l 也可取整数）。本节升降算符解法中所依赖的是角动量的对易关系，并不是式 (4.1) 的定义，该方法对于轨道角动量和自旋角动量都适用。

至此，角动量算符的本征值已经借助算符 $L_\pm$ 分析得到，$L_\pm$ 具有升高或降低 m 量子数的物理含义，即 $L_\pm$ 作用在态 $|l, m\rangle$ 上得到 $|l, m \pm 1\rangle$。然而，$L_\pm |l, m\rangle \neq |l, m \pm 1\rangle$，我们仅知道

$$L_\pm |l, m\rangle \propto |l, m \pm 1\rangle$$

为了确定两者的比例系数，设 $L_+ |l, m\rangle = \xi |l, m + 1\rangle$，显然

$$[L_+ |l, m\rangle]^\dagger (L_+ |l, m\rangle) = |\xi|^2$$

另一方面

$$
\begin{aligned}
&[L_+ \mid l,m\rangle]^\dagger (L_+ \mid l,m\rangle) \\
&= \langle l,m \mid (L_+)^\dagger L_+ \mid l,m\rangle \\
&= \langle l,m \mid L_- L_+ \mid l,m\rangle \\
&= \langle l,m \mid \boldsymbol{L}^2 - L_z^2 - \hbar L_z \mid l,m\rangle \\
&= \left[l(l+1) - m^2 - m \right]\hbar^2 \\
&= (l-m)(l+m+1)\hbar^2
\end{aligned}
$$

选取系数 ξ 为实数

$$
\xi = \sqrt{(l-m)(l+m+1)}\,\hbar
$$

这样便得到了

$$
L_+ \mid l,m\rangle = \sqrt{(l-m)(l+m+1)}\,\hbar \mid l,m+1\rangle \tag{4.12}
$$

类似地，可以计算得

$$
L_- \mid l,m\rangle = \sqrt{(l+m)(l-m+1)}\,\hbar \mid l,m+1\rangle \tag{4.13}
$$

习题 4.3

　　证明式 (4.13)。

习题 4.4

　　计算算符 $\boldsymbol{L}^2$ 和 L_z 的矩阵元表示，即

$$
\langle l',m' \mid \boldsymbol{L}^2 \mid l,m\rangle = l(l+1)\hbar^2 \delta_{l'l}\delta_{m'm}
$$

$$
\langle l',m' \mid L_z \mid l,m\rangle = m\hbar \delta_{l'l}\delta_{m'm}
$$

习题 4.5

　　计算算符 $L_+ L_-$ 和 $L_- L_+$ 的矩阵表示，并说明为什么 $\boldsymbol{L}^2$ 和 L_z 的矩阵表示是对角
形式，而 $L_+ L_-$ 和 $L_- L_+$ 的不是。

4.2　自旋算符

　　自旋是量子数为 $\frac{1}{2}$ 的角动量，不同于轨道角动量所处的三维欧氏空间（Euclidean space），
自旋所处的空间为一个内部空间。利用角动量的性质，可以在内部空间构造自旋算符的表示。

轨道角动量通常用符号 L 表示，各分量之间满足对易关系

$$[L_i, L_j] = \mathrm{i}\epsilon_{ijk}\hbar L_k$$

自旋角动量则用符号 S 表示，各分量间满足同样的对易关系

$$[S_i, S_j] = \mathrm{i}\epsilon_{ijk}\hbar S_k$$

通常将轨道角动量与自旋角动量的和称为总角动量，用符号 J 表示，由于 L 与 S 所处空间不同，两者相互对易

$$[L_i, S_j] = 0$$

因此，总角动量也满足对易关系

$$[J_i, J_j] = \mathrm{i}\epsilon_{ijk}\hbar J_k$$

角动量升降算符解法中所做的讨论均是基于对应关系，自旋角动量和总角动量满足的对易关系与轨道角动量相同，因此角动量升降算符解法中的公式和结论完全适用于 S 和 J。例如，对于自旋算符，用 s、m_s 分布标记 S^2、S_z 的量子数

$$S^2 \mid s, m_s\rangle = s(s+1)\hbar^2 \mid s, m_s\rangle$$

$$S_z \mid s, m_s\rangle = m_s\hbar \mid s, m_s\rangle$$

定义自旋升降算符

$$S_\pm \equiv S_x \pm \mathrm{i}S_y$$

则有

$$S_+ \mid s, m_s\rangle = \sqrt{(s-m_s)(s+m_s+1)}\hbar \mid s, m_s+1\rangle$$

$$S_- \mid s, m_s\rangle = \sqrt{(s+m_s)(s-m_s+1)}\hbar \mid s, m_s+1\rangle$$

由于自旋算符的量子数 $s = 1/2$，在标记自旋态时，通常略去这个量子数标记，仅标记 S_z 分量量子数 m_s，即 $\mid \pm\frac{1}{2}\rangle$，或者进一步简记为常用的 $\mid \pm\rangle$。

4.2.1 自旋算符的构造

根据厄米算符的性质，S_z 算符的本征态构成完备基，能够作为任意一个自旋态展开的基矢量，独立的态的数目等于自旋空间的维数。因此，自旋空间是一个二维（复）空间，完备性关系可以表示为

$$\left(\mid +\rangle\langle + \mid \right) + \left(\mid -\rangle\langle - \mid \right) = 1$$

利用算符的知识，任何算符在自身表象下具有对角的矩阵表达形式，对角元为本征值，即

$$A = \sum_i a_i \mid i\rangle\langle i \mid$$

式中: a_i 为算符 A 的本征值, 对应本征态为 $|i\rangle$。将这个性质应用到自旋算符, 可以利用 S_z 的两个本征态 $|\pm\rangle$ 来构造 S_z 算符

$$S_z = \frac{\hbar}{2}\big(|+\rangle\langle+|\big) + \frac{-\hbar}{2}\big(|-\rangle\langle-|\big) \tag{4.14}$$

等式右边两项前的系数正是 S_z 的两个对应本征值 $\pm\frac{\hbar}{2}$。

下面构造其它两个算符 S_x、S_y。在 $|\pm\rangle$ 张成的二维空间中, 可以构造四个独立算符, 分别为

$$|+\rangle\langle+|, \quad |-\rangle\langle-|, \quad |+\rangle\langle-|, \quad |-\rangle\langle+|$$

第一个算符 $|+\rangle\langle+|$ 为自旋朝上方向的投影算符, 第二个算符 $|-\rangle\langle-|$ 为自旋朝下方向的投影算符。后面两个算符的性质可以通过作用在自旋态上来讨论。将 $|+\rangle\langle-|$ 算符分别作用在 $|+\rangle, |-\rangle$ 态上, 得

$$\big(|+\rangle\langle-|\big)|-\rangle = |+\rangle$$
$$\big(|+\rangle\langle-|\big)|+\rangle = 0$$

可见 $|+\rangle\langle-|$ 算符的作用是升高自旋 S_z 量子数, 因此它对应升算符 S_+。同样, 另一个算符 $|-\rangle\langle+|$ 是降算符 S_-。定义

$$S_+ = \hbar|+\rangle\langle-|$$
$$S_- = \hbar|-\rangle\langle+|$$

利用升降算符与 S_x、S_y 之间的关系 $S_\pm = S_x \pm iS_y$, 便得到了 S_x、S_y 算符的表达式

$$S_x = \frac{\hbar}{2}\big(|+\rangle\langle-| + |-\rangle\langle+|\big) \tag{4.15}$$
$$S_y = -\frac{i\hbar}{2}\big(|+\rangle\langle-| - |-\rangle\langle+|\big) \tag{4.16}$$

更进一步, 可以将自旋算符用 2×2 矩阵表达。给 $|\pm\rangle$ 分配线性空间的标准正交基矢量

$$|+\rangle = \begin{pmatrix} 1 \\ 0 \end{pmatrix}, \quad |-\rangle = \begin{pmatrix} 0 \\ 1 \end{pmatrix}$$

四个独立的算符能够表示为如下矩阵形式

$$|+\rangle\langle+| = \begin{pmatrix} 1 & 0 \\ 0 & 0 \end{pmatrix}, \quad |-\rangle\langle-| = \begin{pmatrix} 0 & 0 \\ 0 & 1 \end{pmatrix}$$
$$|+\rangle\langle-| = \begin{pmatrix} 0 & 1 \\ 0 & 0 \end{pmatrix}, \quad |-\rangle\langle+| = \begin{pmatrix} 0 & 0 \\ 1 & 0 \end{pmatrix}$$

因此, 根据式 (4.14)、式 (4.15) 和式 (4.16), 自旋算符的矩阵表达式为

$$S_x = \frac{\hbar}{2}\begin{pmatrix} 0 & 1 \\ 1 & 0 \end{pmatrix}, \; S_y = \frac{\hbar}{2}\begin{pmatrix} 0 & -i \\ i & 0 \end{pmatrix}, \; S_z = \frac{\hbar}{2}\begin{pmatrix} 1 & 0 \\ 0 & -1 \end{pmatrix}$$

这三个矩阵的本征值均为 $\pm\hbar/2$，且是无迹矩阵 $\text{tr}[S_i] = 0$。通常采用泡利矩阵 (Pauli Matrix) 表示为

$$S = \frac{\hbar}{2}\boldsymbol{\sigma}$$

式中：$\boldsymbol{\sigma} = (\sigma_x, \sigma_y, \sigma_z)$

$$\sigma_x = \begin{pmatrix} 0 & 1 \\ 1 & 0 \end{pmatrix}, \; \sigma_y = \begin{pmatrix} 0 & -i \\ i & 0 \end{pmatrix}, \; \sigma_z = \begin{pmatrix} 1 & 0 \\ 0 & -1 \end{pmatrix}$$

泡利矩阵满足如下对易关系和反对易关系

$$[\sigma_i, \sigma_j] = 2i\epsilon_{ijk}\sigma_k$$

$$\{\sigma_i, \sigma_j\} \equiv \sigma_i\sigma_j + \sigma_j\sigma_i = 2\delta_{ij}$$

习题 4.6

计算算符 $S_\pm = S_x \pm iS_y$ 的矩阵表示。

4.2.2　Stern-Gerlach 实验

1922 年 Stern (斯特恩) 和 Gerlach (格拉赫) 将金属银加热蒸发成原子后射入磁场，发现显像照片上出现了两个黑斑，表明银原子束被磁场分裂为两束，如图4.1 所示。Stern-Gerlach 实验证实了电子自旋的存在，同时也为进一步认识自旋的性质提供了新途径。

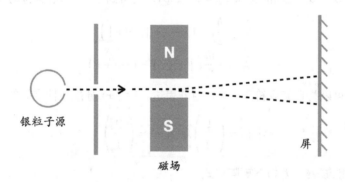

图 4.1 Stern-Gerlach 实验装置示意图

在 Stern-Gerlach 实验中，之所以选择银原子是因为银原子核外电子排布为 2-8-18-18-1，最外层仅有一个电子，总自旋为 1/2。根据自旋磁矩耦合效应

$$H_{\text{SG}} = \boldsymbol{\mu} \cdot \boldsymbol{B} = \frac{e}{m_e c} S \cdot \boldsymbol{B}$$

当所加磁场 $\boldsymbol{B}$ 方向为 z 方向时，与之耦合的自旋分量为 S_z。经过磁场后银原子束在 z 方向分裂为两束，分别对应 z 方向自旋朝上、朝下两个状态，可以表示为 $|S_z, +\rangle$ 和 $|S_z, -\rangle$（通常自

旋 S_z 的本征态可以简单记为 $|\pm\rangle$，这里为了不与其它方向的态混淆，采用此处的标记方式）。两束粒子束成像斑点强度相同，表明分裂后的两个态 $|S_z,+\rangle$ 和 $|S_z,-\rangle$ 概率相同。这个过程可用图4.2 (a) 表示。

同理，当磁场方向为 x（或 y）方向时，得到在 x（或 y）方向分裂的两束银原子，分别对应 x 方向的两个自旋态 $|S_x,\pm\rangle$（或 y 方向的两个自旋态 $|S_y,\pm\rangle$），如图4.2 (b) 和 (c) 所示。

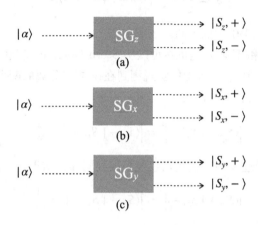

图 4.2　Stern-Gerlach 实验粒子束在磁场中的分裂

如果将一束自旋状态为 $|S_x,+\rangle$ 的粒子束射入 z 方向的磁场，实验能得到在 z 方向分裂的两个斑，即两个独立的物理状态 $|+\rangle$ 和 $|-\rangle$，这两个斑的强度相同。这个现象可以用量子力学描述为：从初态 $|S_x,+\rangle$ 中观测到 $|+\rangle$ 和 $|-\rangle$ 的概率相等，均为 $1/2$，即

$$\left|\langle+|S_x,+\rangle\right|^2 = \left|\langle-|S_x,+\rangle\right|^2 = \frac{1}{2}$$

或者可以表示为 $|S_x,+\rangle$ 根据 $|\pm\rangle$ 的线性展开形式

$$|S_x,+\rangle = \frac{1}{\sqrt{2}}|+\rangle + \frac{1}{\sqrt{2}}|-\rangle$$

需要注意，上式并非最一般的形式，上式右边两项可以相差一个相位因子而不改变物理的结果。因此，最一般的形式为

$$|S_x,+\rangle = \frac{1}{\sqrt{2}}|+\rangle + \frac{1}{\sqrt{2}}\mathrm{e}^{\mathrm{i}\delta}|-\rangle \tag{4.17}$$

类似地，从初态 $|S_x,-\rangle$ 出发，也能等概率观测到 $|\pm\rangle$ 两个态，因此

$$|S_x,-\rangle = \frac{1}{\sqrt{2}}|+\rangle - \frac{1}{\sqrt{2}}\mathrm{e}^{\mathrm{i}\delta}|-\rangle \tag{4.18}$$

需要注意，式 (4.18) 右边第二项中的相因子之所以与式 (4.17) 中的 δ 存在关系，是因为正交性关系 $\langle S_x,+|S_x,-\rangle = 0$ 的要求。类似地，S_x 算符在自身表象下能够写成

$$S_x = \frac{\hbar}{2}\Big(|S_x,+\rangle\langle S_x,+| - |S_x,-\rangle\langle S_x,-|\Big)$$

代入式 (4.17) 和式 (4.18)，将其表示在 S_z 表象下为

$$S_x = \frac{\hbar}{2}\left(e^{-i\delta} \mid +\rangle\langle - \mid + e^{i\delta} \mid +\rangle\langle - \mid \right) \tag{4.19}$$

类似地，S_y 算符能够表示为

$$S_y = \frac{\hbar}{2}\left(e^{-i\delta'} \mid +\rangle\langle - \mid + e^{i\delta'} \mid +\rangle\langle - \mid \right)$$

这里的相因子 δ' 与式 (4.19) 中的不同。

如何确定相因子 δ 和 δ' 呢？这依然可以从 Stern-Gerlach 实验中找到答案。从 $\mid S_x, +\rangle$ 态出发，经过 y 方向的磁场后，实验上能够观测到在 y 方向分离的两个斑，分别对应 $\mid S_y, +\rangle$ 和 $\mid S_y, -\rangle$ 两个态，它们强度相同。因此

$$\left|\langle S_y, + \mid S_x, +\rangle\right|^2 = \left|\langle S_y, - \mid S_x, +\rangle\right|^2 = \frac{1}{2} \tag{4.20}$$

同样，对于 $\mid S_x, -\rangle$ 态经过 y 方向磁场后也能观测到同样的结果，因此

$$\left|\langle S_y, + \mid S_x, -\rangle\right|^2 = \left|\langle S_y, - \mid S_x, -\rangle\right|^2 = \frac{1}{2} \tag{4.21}$$

根据以上两式 (4.20)、(4.21)，可得

$$\frac{1}{2} \mid 1 \pm e^{i(\delta - \delta')} \mid = \frac{1}{\sqrt{2}}$$

即

$$\delta - \delta' = \pm\frac{\pi}{2}$$

通常选择 $\delta = 0$ 和 $\delta' = \frac{\pi}{2}$，便得到了 S_x 和 S_y 的标准表达形式，与前面的式 (4.15) 和式 (4.16) 完全相同。如果选择其它的 δ 相位值，所得结果与标准形式相差一个幺正变换，相当于选取绕 z 轴转动过一定角度的 xOy 坐标；如果选择 $\delta - \delta' = +\frac{\pi}{2}$ 关系，则相当于选择了左手坐标系。

5

微扰论与氢原子精细结构

除库仑作用外，氢原子的哈密顿量中还应包括相对论效应、自旋-轨道耦合效应等更细微的修正，它们构成了氢原子的精细结构。对精细结构和其它更高阶效应的精确求解是量子力学基本原理与近似计算方法成功结合的典范。

5.1　非简并微扰论

　　能够严格求解的 Schrödinger 方程较为有限，略微复杂的势场往往需要通过数值计算或者近似方法进行求解。在实际的物理问题中，经常存在一些贡献不大的物理效应，它们能够被视为微扰。在量子力学中，哈密顿量可能包含了较弱的势场或相互作用效应。如果已经掌握了无微扰效应时体系的能级和波函数，那么微扰效应可以按照相互作用级次逐阶进行计算。这种方法称为微扰论。

　　假设已经求得了哈密顿量 H_0 对应的量子体系，即已知 Schrödinger 方程

$$H_0 \,|\, n^{(0)} \rangle = E_n^{(0)} \,|\, n^{(0)} \rangle$$

的能级 $E_n^{(0)}$ 和本征态 $|\, n^{(0)} \rangle$。这里上标 (0) 用来标记未加入微扰效应时体系的状态和物理量。

　　现在，考虑微扰效应 H' 对体系的修正，哈密顿量成为

$$H = H_0 + H'$$

通常，H' 造成了 Schrödinger 方程严格求解的困难。引入参数 λ 来标记微扰效应 H' 贡献的级次，将 Schrödinger 方程表示为

$$(H_0 + \lambda H') \,|\, n \rangle = E_n \,|\, n \rangle \tag{5.1}$$

假设能量本征态和本征值能够按照微扰效应进行逐级展开

$$|\, n \rangle = |\, n^{(0)} \rangle + \lambda \,|\, n^{(1)} \rangle + \lambda^2 \,|\, n^{(2)} \rangle + \cdots \tag{5.2}$$

$$E_n = E_n^{(0)} + \lambda E_n^{(1)} + \lambda^2 E_n^{(2)} + \cdots \tag{5.3}$$

这里的参数 λ 仅仅是为了标记微扰效应的阶数，它并不是 H' 表达式中某个真实的小量。当取 $\lambda = 1$ 时，体系回到实际情况。

　　将表达式 (5.2) 和 (5.3) 代入方程 (5.1)

$$\left(H_0 + \lambda H' \right)\left(|\, n^{(0)} \rangle + \lambda \,|\, n^{(1)} \rangle + \lambda^2 \,|\, n^{(2)} \rangle + \cdots \right)$$
$$= \left(E_n^{(0)} + \lambda E_n^{(1)} + \lambda^2 E_n^{(2)} + \cdots \right)\left(|\, n^{(0)} \rangle + \lambda \,|\, n^{(1)} \rangle + \lambda^2 \,|\, n^{(2)} \rangle + \cdots \right)$$

按照参量 λ 的幂次分别写出各阶方程

　　(1) λ^0 阶方程:

$$H_0 \,|\, n^{(0)} \rangle = E_n^{(0)} \,|\, n^{(0)} \rangle \tag{5.4}$$

　　(2) λ^1 阶方程:

$$H_0 \,|\, n^{(1)} \rangle + H' \,|\, n^{(0)} \rangle = E_n^{(0)} \,|\, n^{(1)} \rangle + E_n^{(1)} \,|\, n^{(0)} \rangle \tag{5.5}$$

　　(3) λ^2 阶方程:

$$H_0 \,|\, n^{(2)} \rangle + H' \,|\, n^{(1)} \rangle = E_n^{(0)} \,|\, n^{(2)} \rangle + E_n^{(1)} \,|\, n^{(1)} \rangle + E_n^{(2)} \,|\, n^{(0)} \rangle \tag{5.6}$$

λ^0 阶方程式 (5.4) 是无微扰效应时的 Schrödinger 方程，能量本征值 $E_n^{(0)}$ 和本征态 $|n^{(0)}\rangle$ 为已知量。λ^1 阶方程式 (5.5) 中待求的未知量为能量本征值一阶修正 $E_n^{(1)}$ 和本征态的一阶修正 $|n^{(1)}\rangle$。它们是微扰的领头阶。

如何从方程式 (5.5) 同时解得两个未知量，这需要用到 λ^0 阶解的性质。给 λ^1 阶方程两边同时左乘 $\langle n^{(0)}|$，得

$$\langle n^{(0)} | H_0 | n^{(1)}\rangle + \langle n^{(0)} | H' | n^{(0)}\rangle = \langle n^{(0)} | E_n^{(0)} | n^{(1)}\rangle + \langle n^{(0)} | E_n^{(1)} | n^{(0)}\rangle$$

由于 $\langle n^{(0)} | H_0 = \langle n^{(0)} | E_n^{(0)}$，因此方程左右两边的第一项相同，可消去。化简后，可得能级的一阶修正 $E_n^{(1)}$

$$E_n^{(1)} = \langle n^{(0)} | H' | n^{(0)}\rangle = H'_{nn} \tag{5.7}$$

即能级的一阶修正 $E_n^{(1)}$ 等于 H' 矩阵的对角元 ①。H' 的对角元依赖于能量本征态 $|n^{(0)}\rangle$，因此 H' 对各个能级的影响并不相同。

以一维无限深方势阱为基础，考虑在势场 $(0, a/2)$ 区间引入微扰 $H' = V_0$，即

$$H = \begin{cases} V_0 & x \in (a/2, a) \\ 0 & x \in (0, a/2) \\ \infty & x < 0,\ x > a \end{cases}$$

我们已经严格求解了能量本征态

$$\psi_n^{(0)} = \sqrt{\frac{2}{a}} \sin\left(\frac{n\pi}{a}x\right)$$

利用能级的一阶修正表达式 (5.5)，可知

$$\begin{aligned} E_n^{(1)} &= \langle n^{(0)} | H' | n^{(0)}\rangle \\ &= \int_0^{a/2} \left[\sqrt{\frac{2}{a}} \sin^2(\frac{n\pi}{a}x)\right]^2 \mathrm{d}x \\ &= \frac{V_0}{2} \end{aligned}$$

这个结果表明无限深方势阱的每个束缚态受到的修正均为 $V_0/2$，修正后的能级为

$$E_n \simeq E_n^{(0)} + V_0/2$$

下面讨论微扰 H' 对能量本征态的一阶修正。之前一阶微扰方程 (5.5) 中存在 $E_n^{(1)}$ 和 $|n^{(1)}\rangle$ 两个未知量。利用已经解得的能量的一阶修正，代入一阶微扰方程，可以进一步求得能量本征态的一阶修正 $|n^{(1)}\rangle$ 满足

$$(H_0 - E_n^{(0)}) | n^{(1)}\rangle = -\left(H' - E_n^{(1)}\right) | n^{(0)}\rangle \tag{5.8}$$

① 这里在计算一阶修正时仍是在未添加微扰 H' 的完备集 $\{|n^{(0)}\rangle\}$ 空间中进行的，我们略去了微扰效应对体系能级完备性的影响。

由于并不清楚 $|n^{(1)}\rangle$ 在算符 H_0 作用下的性质，将一阶微扰 $|n^{(1)}\rangle$ 分解为无微扰能量本征态的叠加

$$|n^{(1)}\rangle = \sum_m c_{mn} |m^{(0)}\rangle \tag{5.9}$$

按照统计解释，这里分解系数 c_{mn} 表示 $|n^{(1)}\rangle$ 中"包含"$|m^{(0)}\rangle$ 的概率幅。我们注意到：如果 $|n^{(1)}\rangle$ 满足方程，那么任意添加一个正比于 $|n^{(0)}\rangle$ 的项，也满足同样的方程，即

$$(H_0 - E_n^{(0)})\left(|n^{(1)}\rangle + \alpha |n^{(0)}\rangle \right) = -(H' - E_n^{(1)}) |n^{(0)}\rangle \tag{5.10}$$

习题 5.1

证明在一阶微扰能量本征态中添加一个正比于零阶本征态的项，仍然满足一阶方程，即公式 (5.10)。

利用上式，可以将比例系数 α 设置为 $-c_{nn}$，消去式 (5.9) 求和号中的 $m = n$ 项，这时分解表达仅对 $m \neq n$ 进行求和

$$|n^{(1)}\rangle = \sum_{m \neq n} c_{mn} |m^{(0)}\rangle \tag{5.11}$$

代入一阶微扰方程式 (5.8)，两边同时左乘 $\langle m^{(0)} |$，得

$$\langle m^{(0)} | (E_m^{(0)} - E_n^{(0)}) \left(\sum_{m' \neq n} c_{m'n} |m'^{(0)}\rangle \right) = -\langle m^{(0)} | (H' - E_n^{(1)}) |n^{(0)}\rangle$$

利用态的正交性 $\langle m^{(0)} | n^{(0)}\rangle = \delta_{mn}$，化简为

$$(E_m^{(0)} - E_n^{(0)}) c_{mn} = -H'_{mn}$$

即

$$c_{mn} = -\frac{H'_{mn}}{(E_m^0 - E_n^0)} \quad (m \neq n) \tag{5.12}$$

至此，能够计算出式 (5.11) 中一阶微扰 $|n^{(1)}\rangle$ 的叠加系数 c_{mn}。

对于 $m = n$ 情况的处理消除了式 (5.12) 中的歧义。在一阶方程两边同时左乘算符 $(H_0 - E_n^{(0)})$ 的逆算符可以形式地计算出 $|n^{(1)}\rangle$

$$|n^{(1)}\rangle = -\left[H_0 - E_n^{(0)} \right]^{-1} (H' - E_n^1) |n^{(0)}\rangle \tag{5.13}$$

逆算符 $(H_0 - E_n^{(0)})^{-1}$ 作用在零阶本征态 $|n^{(0)}\rangle$ 上引起的歧义正是通过 $m \neq n$ 消除的。

5.1.1 能量的二阶修正

上面已经利用一阶微扰方程求出了能量本征值、本征态的一阶修正。按照同样的思路，可以进一步计算二阶修正。

二阶微扰方程式（5.6）中的 $E_n^{(1)}$ 和 $|n^{(1)}\rangle$ 已经求得，待求解的未知量为 $E_n^{(2)}$ 和 $|n^{(2)}\rangle$。给方程（5.6）两边同时左乘 $\langle n^{(0)}|$，可得

$$\langle n^{(0)}|H_0|n^{(2)}\rangle + \langle n^{(0)}|H'|n^{(1)}\rangle$$
$$= E_n^{(0)}\langle n^{(0)}|n^{(2)}\rangle + E_n^{(1)}\langle n^{(0)}|n^{(1)}\rangle + \langle n^{(0)}|E_n^{(2)}|n^{(0)}\rangle$$

上式左边第一项 H_0 作用于 $\langle n^{(0)}|$ 得到本征值 $\langle n^{(0)}|H_0|n^{(2)}\rangle = E_n^{(0)}\langle n^{(0)}|n^{(2)}\rangle$，这项与方程右边第一项相同，可消去。方程右边第二项能够利用正交性

$$\langle n^{(0)}|n^{(1)}\rangle = \sum_{m\neq n} c_{mn}\langle n^{(0)}|m^{(0)}\rangle = 0$$

消去。因此，能量的二阶修正为

$$E_n^{(2)} = \langle n^{(0)}|H'|n^{(1)}\rangle$$
$$= \langle n^{(0)}|H'\left(\sum_{m\neq n}c_{mn}|m^{(0)}\rangle\right)$$
$$= \langle n^{(0)}|H'\left(\sum_{m\neq n}\left(-\frac{H'_{mn'}}{(E_m^{(0)}-E_n^{(0)})}\right)|m^{(0)}\rangle\right)$$
$$= -\sum_{m\neq n}\frac{|H'_{mn}|^2}{(E_m^{(0)}-E_n^{(0)})}$$

利用已解得的 $E_n^{(2)}$，态的二阶修正也可类似地推导得到。

以上展示了微扰论的基本思路。需要注意以下两点。

（1）能量本征态一阶修正 $|n^{(1)}\rangle$ 的分解表达式

$$|n^{(1)}\rangle = \sum_m c_{mn}|m^{(0)}\rangle \tag{5.14}$$

是在微扰条件下近似成立的。无微扰的量子体系 H_0 与加入微扰 H' 之后的体系在严格意义上是两个独立的体系，各自完备。仅在 H' 的影响可以视为微扰时，才能够以 H_0 体系的完备性作为基础，将微扰后的态 $|n^{(0)}\rangle$ 展开为 $|n^{(0)}\rangle$ 的线性叠加。因此，H' 在计算中视为微扰，在现象学上有两个体现：H' 对能量本征值的影响足够小；态矢量 $\{|n^{(0)}\rangle\}$ 的完备性在加入 H' 后仍能够近似保持。

（2）简并的情况。在式（5.7）的推导中，用到了正交性关系 $\langle n^{(0)}|n^{(0)}\rangle = 1$。这个关系仅在能级无简并的情况下才成立。假设能级存在简并，用 α 标记简并量子数，它们满足

$$H_0|n_\alpha^{(0)}\rangle = E_n^{(0)}|n_\alpha^{(0)}\rangle$$

此时不同 α 标记的态具有相同的能量 $E_n^{(0)}$。一般地

$$\langle n_\alpha^{(0)}|n_\beta^{(0)}\rangle \neq \delta_{\alpha\beta}$$

因此，能量的一阶修正 $E_n^{(1)}$ 将不再具有式（5.7）的形式。这种情况将在简并微扰论中详细讨论。

5.2 氢原子精细结构

随着实验观测精度的不断提高，氢原子光谱展现出了精细的内部结构。这表明除电子与核之间的库仑作用之外还有其它物理效应修正。

在前面计算库仑作用势时，氢原子的哈密顿量为

$$H_0 = -\frac{\hbar^2}{2m_e}\nabla^2 - \frac{e^2}{4\pi\epsilon_0}\frac{1}{r}$$

这里的电子质量 m_e 是采用近似的结果。在将电子和氢原子核二体问题化为一体问题时，严格的参数应该是约化质量 μ

$$\mu = \frac{m_e m_p}{m_e + m_p}$$

由于

$$\frac{\mu}{e} \simeq 1 - \frac{m_e}{m_p} + O\left((\frac{m_e}{m_p})^2\right) \simeq 1 - \frac{1}{2000}$$

用约化质量 μ 替代 m_e，对于氢原子能级

$$E_n = -\left[\frac{m}{2\hbar^2}\left(\frac{e^2}{4\pi\epsilon_0}\right)^2\right]\frac{1}{n^2}$$

会产生 1/2000 的修正。这个修正对于每个能级的影响均相同，并不产生能级之间的相对移动，也不造成能级内部结构的变化。

在物理上，更精细的哈密顿量中还需要进一步考虑的修正包括相对论效应、自旋轨道耦合效应（spin-orbit coupling）。下面将逐一进行分析。

5.2.1 相对论效应

考虑氢原子核外电子运动的相对论效应，需要对经典的动能 T 进行修正。根据质能关系

$$p^2c^2 + m^2c^4 = \frac{m^2c^4}{1-(v/c)^2} = (T+mc^2)^2$$

可以将动能 T 表示为

$$T = \sqrt{p^2c^2 + m^2c^4} - mc^2$$

按小量 $p/(mc)$ 展开为

$$T = mc^2\left\{\sqrt{1+\left(\frac{p}{mc}\right)^2} - 1\right\}$$
$$\simeq \frac{p^2}{2m} - \frac{p^4}{8m^3c^2} + \cdots$$
$$\equiv T_0 + T' + \cdots$$

上式中第一项 T_0 为非相对论效应动能，第二项 T' 为相对论效应的领头阶修正。因此，略去高阶修正，哈密顿量的修正为

$$H'_r = -\frac{p^4}{8m^3c^2} \tag{5.15}$$

从 H'_r 的形式可以估计相对论修正的大小。根据精细结构常数

$$\alpha = \frac{e^2}{4\pi\epsilon_0\hbar c} \simeq \frac{1}{137}$$

氢原子的能级可以表示为

$$E_n = \alpha^2 mc^2$$

即 E_n 是 α^2 阶。而相对论修正

$$H'_r = \frac{(p^2/m)^2}{mc^2} \sim \frac{(\alpha^2 mc^2)^2}{mc^2}$$

是 α^4 阶。

基于已经求解得到的氢原子库仑势能级，式 (5.15) 提供的相对论修正形式可以视为库仑势中氢原子体系 H_0 的微扰效应，可以利用微扰论来计算相对论效应对能级的修正。能级的一阶修正为

$$E_r^{(1)} = \langle H'_r \rangle = -\frac{1}{8m^3c^2}\langle\psi|p^4|\psi\rangle = -\frac{1}{8m^3c^2}\langle p^2\psi|p^2\psi\rangle$$

根据 Schrödinger 方程

$$p^2|\psi\rangle = 2m(E - V)|\psi\rangle$$

可得

$$E_r^1 = -\frac{1}{2mc^2}\langle(E - V)^2\rangle$$
$$= -\frac{1}{2mc^2}\left\{E^2 - 2E\langle V\rangle + \langle V^2\rangle\right\}$$

由于库仑势 $V = -\frac{1}{4\pi\epsilon_0}e^2/r$，故

$$E_r^1 = -\frac{1}{2mc^2}\left\{E_n^2 - 2E_n\frac{e^2}{4\pi\epsilon_0}\langle\frac{1}{r}\rangle + \left(\frac{e^2}{4\pi\epsilon_0}\right)^2\langle\frac{1}{r^2}\rangle\right\} \tag{5.16}$$

上式中的 $\langle\frac{1}{r}\rangle$ 可如下计算

$$\langle\frac{1}{r}\rangle = \langle\psi_{nlm}|\frac{1}{r}|\psi_{nlm}\rangle \tag{5.17}$$

$$= \langle R_{nl}(r)|\frac{1}{r}|R_{nl}(r)\rangle \tag{5.18}$$

$$= \frac{1}{n^2a} \tag{5.19}$$

同理

$$\langle\frac{1}{r^2}\rangle = \frac{1}{(l + 1/2)n^3a^2} \tag{5.20}$$

将式 (5.19) 、式 (5.20) 计算结果代入式 (5.16)，便得到相对论能级修正为

$$E_{\mathrm{r}}^{(1)} = \frac{E_n^2}{2mc^2}\left[\frac{4n}{l+1/2} - 3\right] \tag{5.21}$$

上式表明相对论修正依赖于主量子数 n 和角量子数 l。我们知道库仑势氢原子的能级仅依赖于主量子数 n，对 l 和 m 形成简并，能级简并度

$$f_n = \sum_{l=0}^{n-1}(2l+1) = n^2$$

当考虑相对论修正后，不同角量子数 l 的能级产生分裂，简并解除。由于此时 l 对应的力学量 L^2 与相对论修正 H_{r}' 对易

$$[H_{\mathrm{r}}', L^2] = 0$$

因此，H_{r}' 并不会破坏 l 量子数（即不会造成不同角量子数的态发生叠加）。考虑相对论效应前后，l 量子数仍然能够用来标记修正后的量子态和能级。我们称这种新效应加入后未被破坏的量子数为好量子数（good quantum number）。

5.2.2 自旋-轨道耦合效应

另一个需要考虑的修正是自旋-轨道耦合效应。电子与原子核之间存在相对运动，电子自旋磁矩处在相对运动原子核产生的磁场中，存在自旋磁矩效应，即

$$H = -\boldsymbol{\mu} \cdot \boldsymbol{B} \tag{5.22}$$

这里的电子磁矩

$$\boldsymbol{\mu} = -\frac{e}{m}\boldsymbol{S}$$

磁场 $\boldsymbol{B}$ 是由带电原子核的相对运动产生的。根据 Biot-Savart（毕奥-萨伐尔）定律，磁场大小与环路电流之间满足关系

$$B = \frac{\mu_0 I}{2r}$$

利用经典的分子电流模型 $I = e/T$，式中：T 为圆周运动的周期。周期 T 可借助角动量大小表示为

$$L = rmv = rm\frac{2\pi r}{T}$$

这样，磁场 $\boldsymbol{B}$ 可表示为

$$B = \frac{1}{4\pi\epsilon_0}\frac{e}{mc^2r^3}L$$

代入以上结果，式 (5.22) 最终表达成了电子自旋与轨道角动量之间的耦合形式[①]

$$H_{s-o}' = \frac{1}{2}\frac{e^2}{4\pi\epsilon_0}\frac{1}{m^2c^2}\frac{1}{r^3}\boldsymbol{S}\cdot\boldsymbol{L} \tag{5.23}$$

---

① 这里考虑了以电子为中心，原子核所做的非惯性运动造成的影响，加入了 1/2 的整体因子。

自旋-轨道耦合效应对能级的修正能够利用微扰论进行计算。如前所述，无微扰修正的库仑势氢原子能级关于量子数 l、m 简并，如果考虑电子自旋，能级也关于自旋量子数 m_s 简并。但由于

$$[H'_{s-o}, L_z] \neq 0$$
$$[H'_{s-o}, S_z] \neq 0$$

当计算 H'_{s-o} 时，量子数 m、m_s 将不再保持，即 H'_{s-o} 将引起不同 m 之间、不同 m_s 之间的叠加，此时 m、m_s 不是好量子数。此时，由于之前简并态需要重新组合形成微扰之后的物理状态，非简并微扰论不能够用于计算这种情况。除去利用简并微扰论的方法之外，解决这个问题还可以利用寻找好量子数的方法，即找出在微扰前后保持不变的物理量。

我们发现

$$[H'_{s-o}, \boldsymbol{J}^2] = 0$$

式中：$\boldsymbol{J} \equiv \boldsymbol{L} + \boldsymbol{S}$，故总角动量 $\boldsymbol{J}^2$ 对应的量子数 j 是好量子数。利用关系式

$$\boldsymbol{J}^2 = (\boldsymbol{L}+\boldsymbol{S})(\boldsymbol{L}+\boldsymbol{S}) = \boldsymbol{L}^2 + \boldsymbol{S}^2 + 2\boldsymbol{L}\cdot\boldsymbol{S}$$

可以将 $\boldsymbol{L}\cdot\boldsymbol{S}$ 表示为

$$\boldsymbol{L}\cdot\boldsymbol{S} = \frac{1}{2}\left(\boldsymbol{J}^2 - \boldsymbol{L}^2 - \boldsymbol{S}^2\right)$$

将能级用四个量子数 n、l、m、m_s 标记为 $|nlmm_s\rangle$，可得

$$\boldsymbol{L}\cdot\boldsymbol{S}\,|nlmm_s\rangle = \frac{\hbar^2}{2}\Big[j(j+1)-l(l+1)-s(s+1)\Big]\,|nlmm_s\rangle$$

总角动量量子数 j 的值由轨道角动量 l 与自旋 s 合成，可取值包括

$$|l-s|,\ |l-s|+1,\ \cdots,\ l+s-1,\ l+s$$

式 (5.23) 中的期望值 $\langle 1/r^3\rangle$ 经过计算，得

$$\langle 1/r^3\rangle = \frac{1}{(l(l+1/2)(l+1)n^3 a^3}$$

利用这些计算结果，自旋-轨道耦合效应对能级的修正为

$$\begin{aligned}
E_{s-o}^{(1)} &= \langle nlmm_s\,|\,H'_{s-o}\,|\,nlmm_s\rangle \\
&= \frac{e^2\hbar^2}{16\pi\epsilon_0 m^2 c^2}\frac{j(j+1)-l(l+1)-s(s+1)}{(l(l+1/2)(l+1)n^3 a^3} \\
&= \frac{E_n^2}{mc^2}\frac{n\big[j(j+1)-l(l+1)-3/4\big]}{(l(l+1/2)(l+1)}
\end{aligned} \tag{5.24}$$

由于 E_n 是 α^2 阶，故上式是 α^4 阶的贡献，与相对论修正贡献量级相同。将 H'_r 与 H'_{s-o} 的修正相加，便得到了氢原子能级精细结构修正

$$E_{fs}^{(1)} = \frac{E_n^2}{2mc^2}\left(3 - \frac{4n}{j+1/2}\right)$$

最终的能级公式依赖主量子数 n 和总角动量量子数 j

$$E_{nj} = E_n^{(0)} + E_{fs}^{(1)}$$
$$= -\frac{13.6 \text{ eV}}{n^2}\left[1 + \frac{\alpha^2}{n^2}\left(\frac{n}{j+1/2} - \frac{3}{4}\right)\right] \tag{5.25}$$

氢原子能级从无修正时的简并状态中解除，分裂为依赖不同量子数 n、j 的多条精细能级。具体的能级分裂规律如图5.1所示，分析如下。

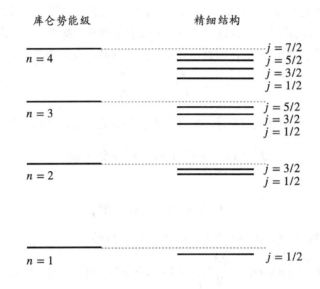

图 5.1 氢原子能级精细结构

（1）$n = 1$ 的态：角量子数 l 仅可取 $l = 0$。总角动量量子数 j 能够取值的范围从 $|l-s|$ 开始依次增加 1，直到取得最大值 $l+s$；由于 $s = 1/2$，故此时 j 仅能取 $j = 1/2$ 一个值。根据式 (5.24)，$E_{s-o}^{(1)}$ 提供了一个负的微扰，使修正后的 $E_{1,1/2}$ 比库仑势能级略低。

（2）$n = 2$ 的态：角量子数 l 可取 $l = 0, 1$。对于 $l = 0$ 时，总角动量量子数 j 可取 $j = 1/2$ 一个值；对于 $l = 1$ 时，总角动量量子数 j 可取 $j = 1/2, 3/2$ 两个值。因此 j 的独立取值共两个：$j = 1/2, 3/2$。式中：$j = 1/2$ 的态为 $l = 0$ 和 $l = 1$ 的二重简并态。根据式 (5.24)，修正后的能级 $E_{2,1/2}$ 比 $E_{2,3/2}$ 略低，它们均比库仑势能级略低。

（3）$n = 3$ 的态：角量子数 l 可取 $l = 0, 1, 2$ 三个值。对于 $l = 0$ 时，总角动量量子数 j 可取 $j = 1/2$ 一个值；对于 $l = 1$ 时，总角动量量子数 j 可取 $j = 1/2, 3/2$ 两个值；对于 $l = 2$ 时，总角动量量子数 j 可取 $j = 3/2, 5/2$ 两个值。因此 j 的独立取值为：$j = 1/2, 3/2, 5/2$。根据式 (5.24)，修正后的能级从低往高依次为 $E_{3,1/2}$、$E_{3,3/2}$ 和 $E_{3,5/2}$。

综上所述，氢原子能级的精细结构从简并的 E_n 分裂为 E_{nj}，共 n 条。从量子力学基本原理出发，利用微扰论的方法计算得到了氢原子 α^4 阶贡献的能级精细结构，成功地得到了实验的确认。随着探测技术的不断发展，更精细的能级也在实验中观测到，它们在理论上对应了电子场量子化效应的兰姆位移 (lamb shift，α^5 阶贡献)，以及核子自旋产生的超精细结构

(hyperfine splitting, $m_e/m_p\alpha^4$ 阶贡献)。氢原子光谱实验的分裂规律和测量数据精确地验证了量子理论的有效性，确认了量子力学及其后继理论作为原子物理、亚原子物理理论的坚实基础。

> **习题 5.2**
>
> 请参照图5.1，分析 $n = 4$ 的氢原子能级的精细结构分裂特点。

5.3 简并微扰论

当能级存在简并时，前面推导的能级和波函数的微扰计算公式将不再适用了。以一阶微扰方程

$$H_0 \mid n^{(1)}\rangle + H' \mid n^{(0)}\rangle = E_n^{(0)} \mid n^{(1)}\rangle + E_n^{(1)} \mid n^{(0)}\rangle$$

为例，为了计算能级一阶修正，需要左乘一个左矢态 $\langle n^{(0)} \mid$，消去方程对波函数一阶微扰 $\mid n^{(1)}\rangle$ 的依赖，得到

$$\langle n^{(0)} \mid H' \mid n^{(0)}\rangle = \langle n^{(0)} \mid E_n^{(1)} \mid n^{(0)}\rangle$$

此时，方程右端因为 $\langle n^{(0)} \mid E_n^{(1)} \mid n^{(0)}\rangle = E_n^{(1)}$，便得到能级的一阶修正 $E_n^{(1)}$。但如果能级 $\mid n^{(0)}\rangle$ 在未加入微扰效应之前存在简并，则上面的推导不再成立。假设简并的能级满足

$$H_0 \mid n^{(0)}, i\rangle = E_n^{(0)} \mid n^{(0)}, i\rangle$$

i 为简并的量子数标记。这时 $\langle n^{(0)} \mid E_n^{(1)} \mid n^{(0)}\rangle$ 在简并情况下成为

$$\langle n^{(0)}, j \mid E_n^{(1)} \mid n^{(0)}, i\rangle$$

即不同量子数 i、j 标记的简并态之间并不一定正交

$$\langle n^{(0)}, j \mid E_n^{(1)} \mid n^{(0)}, i\rangle \neq E_n^{(1)} \tag{5.26}$$

上面从数学的角度说明简并情况下的计算问题。在物理上，简并造成的困难可以借助图5.2 来说明。以简并度 $f = 2$ 的二体简并为例，微扰未加入前 $E^{(0)}$ 能级存在两个独立的简并态，分别标记为 $\mid n, 1\rangle$ 和 $\mid n, 2\rangle$（为了表示方便，这里已经略去了无微扰时能级 $\mid n^{(0)}, i\rangle$ 的零阶标记 (0)）。当微扰 H' 加入后，两个态的简并解除，分裂为两个不同能量的态。较高的能态记为 $\mid n^+\rangle$，较低的态记为 $\mid n^-\rangle$。

能级分裂后的态 $\mid n^\pm\rangle$ 与简并态 $\mid n, i\rangle$（$i = 1, 2$）有何关系呢？最一般地，简并解除后的态可以用微扰加入前简并态的线性叠加表示为[①]

$$\mid n^\pm\rangle = \alpha \mid n, 1\rangle + \beta \mid n, 2\rangle \tag{5.27}$$

[①] 这里的叠加系数 α、β 对于 $\mid n^+\rangle$ 和 $\mid n^-\rangle$ 有不同的取值。

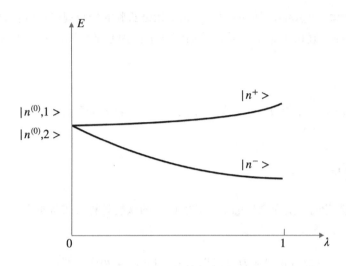

图 5.2 简并能级在微扰作用下解除

具体的线性组合方式完全由微扰 H' 的性质决定。由于简并解除后 $|n^{\pm}\rangle$ 对应不同能量本征值，因此这两个态一定是正交的。现在，将上面的过程逆向考虑，从简并解除后的 $|n^{\pm}\rangle$ 出发，令 λ 从 1 减小到 0，微扰效应逐渐减小到零，$|n^{\pm}\rangle$ 两个态的能级逐渐靠近；当 $\lambda=0$ 时，能量 E_n^+ 和 E_n^- 逐渐重合，回到简并时的值。然而，在逆向重新形成简并的过程中，$|n^{\pm}\rangle$ 态一直保持着叠加关系式 (5.27) 不变。$|n^+\rangle$ 和 $|n^-\rangle$ 始终是正交的。当 $\lambda=0$ 时，它们并没有回到微扰加入前的态 $|n,1\rangle$ 和 $|n,2\rangle$。这表明 $|n,1\rangle$ 和 $|n,2\rangle$ 不是简并解除后的正交态，$|n^{\pm}\rangle$ 才是。

将上面的分析应用到微扰计算中，就可以理解非简并微扰论中公式 (5.26) 失效的物理原因了。因此在简并情况下，寻找简并态与解除后的 $|n^{\pm}\rangle$ 态之间的叠加关系成为简并微扰论的关键。

5.3.1 简并微扰计算公式

当 $\lambda=0$ 无微扰时，$|n^{\pm}\rangle$ 两态是简并态，随着 λ 从 0 到 1 的过程，式 (5.27) 保持不变。如果从 $|n^{\pm}\rangle$ 态出发来计算微扰效应，则不考虑简并解除过程中态的重新组合问题，简并微扰论可以方便计算出能级的修正。

以二体简并为例，从 $|n^{\pm}\rangle$ 态出发，一阶微扰方程能够改写为

$$H_0|n^{(1)}\rangle + H'|n^{\pm}\rangle = E_n^{(0)}|n^{(1)}\rangle + E_n^{(1)}|n^{\pm}\rangle \tag{5.28}$$

这里 $|n^{(1)}\rangle$ 仍是态的一阶修正[①]。给式 (5.28) 两边左乘简并前的左矢态 $\langle n,i|$，消去两边的第一项，然后代入式 (5.27)，得

$$\langle n,i|H'\big(\alpha|n,1\rangle + \beta|n,2\rangle\big) = \langle n,i|E_n^{(1)}\big(\alpha|n,1\rangle + \beta|n,2\rangle\big)$$

---

① 对于能级分裂后的两个态 $|n^{(1)}\rangle$ 分别表示 $|n^+\rangle-|n,1\rangle$ 和 $|n^-\rangle-|n,2\rangle$。

分别取 $i = 1, 2$，化简得到两个方程

$$\alpha H'_{11} + \beta H'_{12} = \alpha E_n^{(1)}$$
$$\alpha H'_{21} + \beta H'_{22} = \beta E_n^{(1)}$$

这里矩阵元 $H'_{ij} \equiv \langle n, i \mid H' \mid n, j \rangle$。上面的方程可以用行列式方便地表示为

$$\begin{pmatrix} H'_{11} & H'_{12} \\ H'_{21} & H'_{22} \end{pmatrix} \begin{pmatrix} \alpha \\ \beta \end{pmatrix} = E_n^{(1)} \begin{pmatrix} \alpha \\ \beta \end{pmatrix} \tag{5.29}$$

利用算得的 H' 各矩阵元，分裂后的能级修正为

$$E_{\pm}^{(1)} = \frac{1}{2} \left[H'_{11} + H'_{22} \pm \sqrt{(H'_{11} - H'_{22})^2 + 4|H'_{12}|^2} \right]$$

从式 (5.29) 解得 α、β 后，即得到了简并解除后的态叠加关系式 (5.28)。

实际上，从量子力学基本原理的角度，求解简并方程 (5.29) 就是在 $\mid n, 1 \rangle$ 和 $\mid n, 2 \rangle$ 形成的简并子空间中计算算符 H' 的本征值，即求解 H' 的本征方程。当矩阵 H'_{ij} 对角化时，体系处在简并解除后的 $\mid n^+ \rangle$ 和 $\mid n^- \rangle$ 形成的子空间中，对角元正是 H' 的本征值。

如果 $H'_{21} = H'_{12} = 0$，则方程 (5.29) 本身处在 H' 的本征态上，$\mid n, 1 \rangle$ 和 $\mid n, 2 \rangle$ 仍是微扰之后的本征态。这种情况下 H' 不破坏简并，可以直接用非简并微扰论进行计算。

对于多重简并的情况，简并空间变得更大，简并方程 (5.29) 在 n 维简并空间可以写为

$$\begin{pmatrix} H'_{11} & H'_{12} & \cdots \\ H'_{21} & H'_{22} & \cdots \\ \vdots & \vdots & H'_{ij} \end{pmatrix}_{n \times n} \begin{pmatrix} \alpha \\ \beta \\ \vdots \end{pmatrix}_{n \times 1} = E_n^{(1)} \begin{pmatrix} \alpha \\ \beta \\ \vdots \end{pmatrix}_{n \times 1} \tag{5.30}$$

5.3.2　好量子数方法

微扰项 H' 引起的物理作用存在两种可能：保持原有的简并，或者使简并解除。如果 H' 并未造成简并解除，虽然能级存在简并，但并不需要采用简并微扰论来计算。这是因为在简并能级组成的子空间中，H' 的矩阵表示式 (5.30) 本身就是对角化的形式。如果 H' 使能级简并解除，这时又存在以下两种情况。

(1) 简并量子数在微扰后仍然能用于标记物理状态。假设简并量子数对应的力学量为 $\hat{Q}$，此时 $[H', Q] = 0$，Q 与微扰 H' 仍然具有共同本征态，尽管不同的 Q 量子数受到的微扰修正不同。

(2) $[H', Q] \neq 0$。微扰 H' 使得之前用于标记简并的量子数不再保持，修正后的态是不同 Q 量子数的叠加，这时需要用到简并微扰论，其核心是寻找能级分裂前后态的叠加关系。这种情况下，如果能够找到与微扰 H' 对易的好物理量，在好量子数空间，H' 矩阵能够具有对角的形式，就可以避免简并微扰论的负责计算。这就是好量子数方法。

　　我们知道，氢原子在仅考虑核的库仑势情况下，能级仅依赖于主量子数 n。能级对角量子数 l、磁量子数 m 形成简并，简并度为

$$f_n = n^2$$

如果计入自旋，则每个 nlm 标记的态还能包含两种自旋状态 $m_s = \pm 1/2$，故简并度为

$$f_n = 2n^2$$

　　在上节氢原子的精细结构中，相对论修正 H'_r 具有如下对易关系

$$[H'_r, L^2] = 0$$
$$[H'_r, L_z] = 0$$
$$[H'_r, S_z] = 0$$

因此，H'_r 并不破坏氢原子能级简并。对于给定主量子数 n 的氢原子简并能级，相对论效应的加入并不破坏原来用 (l, m, m_s) 标记的氢原子能级，或者说对 (l, m, m_s) 各态相对论修正的贡献大小相同，不能使之分裂，所以并不需要在简并的子空间对各简并态进行组合。从算符矩阵表示的观点看，H'_r 在 (l, m, m_s) 表示空间保持了对角矩阵的形式。这就是在计算相对论修正时，仍然采用非简并微扰论的原因。

　　但在自旋轨道耦合效应中，问题就不同了。对于给定的主量子数 n，无微扰时氢原子的简并态用 (l, m, m_s) 量子数标记，自旋轨道耦合效应的 H'_{s-o} 并不与这三个量子数全部对易

$$[H'_{s-o}, L^2] = 0$$
$$[H'_{s-o}, L_z] \neq 0$$
$$[H'_{s-o}, S_z] \neq 0$$

因此，自旋轨道耦合效应将解除 L_z、S_z 的原有简并度，加入 H'_{s-o} 后的态是不同 m、m_s 量子数态的线性组合。如果能够找到这些态的叠加规律，就能够在重新组合后的正交子空间内采用非简并微扰论计算自旋-轨道耦合效应。好量子数方法就是按照这个思路来解决简并微扰问题的。在微扰加入前后保持不变的物理量是守恒量，对应的量子数就是好量子数。如前节所述，总角动量平方算符 J^2 满足

$$[H'_{s-o}, J^2] = 0$$

这就是说如果将微扰后的态用总角动量平方算符对应的好量子数 j 标记。不同 j 标记的态是正交的，在用 j 标记的子空间中可以进行非简并微扰计算。

5.3.3　复杂微扰计算策略：塞曼效应

　　无论体系是否存在简并，微扰计算都基于已知的 H_0 体系波函数和能级。当需要计算多个微扰项的修正时，就需要仔细对待各微扰项的计算顺序。下面以塞曼效应（Zeeman Effect）为例讨论。

当氢原子处在外加磁场中时，电子的轨道磁矩和自旋磁矩与外磁场 B_{ext} 发生耦合，能级在外磁场作用下产生分裂，这称为塞曼效应。哈密顿算符中的微扰项可以表示为

$$H_Z' = -(\boldsymbol{\mu}_l + \boldsymbol{\mu}_s) \cdot \boldsymbol{B}_{\text{ext}}$$

式中：轨道磁矩 $\boldsymbol{\mu}_l = -\frac{e}{2m}\boldsymbol{L}$，自旋磁矩 $\boldsymbol{\mu}_s = -\frac{e}{m}\boldsymbol{S}$，即

$$H_Z' = \frac{e}{2m}(\boldsymbol{L} + 2\boldsymbol{S}) \cdot \boldsymbol{B}_{\text{ext}}$$

塞曼效应对体系的贡献受磁场 B_{ext} 大小的影响。在计算 H_Z' 之前，需要讨论精细结构修正 H_{fs}' 与 H_Z' 的强弱关系。为使微扰计算有效，对于多个微扰贡献，必须按照修正的显著程度，从大到小进行计算。精细结构修正 H_{fs}' 中的 H_r' 与 H_{s-o}' 都是 α^4 阶贡献，因此可以用氢原子核与电子相对运动产生的内磁场 $\boldsymbol{B}_{\text{int}}$ 与塞曼效应的外磁场进行大小比较。以下分为三种情况分别讨论。

1. 弱场塞曼效应 $B_{\text{ext}} \ll B_{\text{int}}$

此时需要先考虑较为显著的精细结构修正，再考虑塞曼效应。我们知道 H_{fs}' 修正后，总角动量量子数 j 是好量子数，修正后的能级能够用好量子数 n、l、j、m_j 标记为 $|nljm_j\rangle$。塞曼效应修正能够如下计算

$$\begin{aligned} E_Z' &= \langle nljm_j | H_Z' | nljm_j \rangle \\ &= \frac{e}{2m}\boldsymbol{B}_{\text{ext}} \cdot \langle \boldsymbol{L} + 2\boldsymbol{S} \rangle \end{aligned}$$

考虑自旋 $\boldsymbol{S}$ 在一个周期内沿总角动量 $\boldsymbol{J}$ 方向的平均效果，可以计算得到

$$\begin{aligned} \langle \boldsymbol{L} + 2\boldsymbol{S} \rangle &= \left[1 + \frac{j(j+1) + s(s+1) - l(l+1)}{j(j+1)} \right] \langle \boldsymbol{J} \rangle \\ &\equiv g_J \langle \boldsymbol{J} \rangle \end{aligned}$$

式中：g_J 为朗德因子 (Lande g-factor)。选择外磁场为 z 方向，则 $\langle \boldsymbol{J} \rangle = m_j$，最终的塞曼效应修正为

$$E_Z^1 = \mu_B g_J m_j B_{\text{ext}}$$

2. 强场塞曼效应 $B_{\text{ext}} \gg B_{\text{int}}$

这种情况下需要先计算贡献较大的 H_Z' 修正，再在已知 $H_0^{\text{new}} = H_0 + H_Z'$ 的基础上计算 $H' = H_{fs}'$ 修正。由于

$$[H_Z', \boldsymbol{L}^2] = 0$$
$$[H_Z', \boldsymbol{S}^2] = 0$$

l、s 均为好量子数。选外磁场方向为 z 方向，m、m_s 也是好量子数，因此，考虑塞曼效应后 H_0^{new} 的能态能够用好量子数标记为 $|nlm_lm_s\rangle$。H_{fs}' 修正能够在这个态上计算

$$E_{fs}' = \langle nlm_lm_s \mid (H_r' + H_{so}') \mid nlm_lm_s \rangle$$

3. 过渡区域 $B_{\text{ext}} \sim B_{\text{int}}$

当内磁场和外磁场大小可以相当时，需要同时考虑 $H_Z' + H_{fs}'$ 修正。由于没有好量子数能提供帮助，好量子数方法失效，必须采用简并微扰论。分裂能级的修正是在简并子空间 H' 矩阵的本征值。具体计算可参考相关文献。

6

量子跃迁

将不含时势场扩充到含时扰动情况会产生粒子在能级间的跃迁。利用半经典的方法，光的吸收和辐射现象能够借助电子受到电磁势作用的图像成功地描述，这有效地延伸了量子力学的应用范围。

6.1 跃迁过程

当处在稳定状态的量子体系受到外界影响时，粒子在各个量子态上的分布将发生变化，存在一定概率从一个量子态跃迁到另一个量子态，这就是量子跃迁。

通常外界条件的改变可以用哈密顿量随时间的变换来描述。假设体系受到外界影响之前的哈密顿量为 H_0，在 $t=0$ 时空，新的效应出现，哈密顿量产生 H' 的改变。从整个时间轴来看，体系的哈密顿量可以用分段函数的形式写为

$$H = \begin{cases} H_0, & t < 0 \\ H_0 + H', & t \geqslant 0 \end{cases} \tag{6.1}$$

比较 H' 产生效应前后，体系发生了哪些变化呢？由于在 $t=0$ 时刻前后，体系的哈密顿量不同，满足不同的 Schrödinger 方程，其解分别记为 $\psi_i^{(H_0)}$ 和 $\psi_i^{(H)}$（i 为完备的量子数标记），它们各自对应 H' 产生效应前后的情况。在 $t<0$ 时刻，体系的状态能够用 $\psi^{(H_0)}$ 的线性叠加表示为

$$\psi(t<0) = \sum_i c_i^0 \psi_i^{(H_0)}$$

同样地，在 $t \geqslant 0$ 时刻，体系的状态能够用 $\psi^{(H)}$ 的线性叠加表示为

$$\psi(t \geqslant 0) = \sum_i c_i' \psi_i^{(H)}$$

由于 H_0 与 $H_0 + H'$ 并不相同，这两套解各自独立地保持了 Hilbert 空间的完备性，不能用完备集 $\{\psi_i^{(H_0)}\}$ 作为基矢量线性表示 $t \geqslant 0$ 时刻的波函数，反过来同样成立。如果 H' 相对 H_0 是一个小量，对能级体系的扰动能够忽略，可以近似地把 $t \geqslant 0$ 时刻的波函数写成 $\psi_i^{(H_0)}$ 的线性叠加。另一方面，H' 加入后还会对粒子的能级分布造成影响。原来处于某个特定 $\psi_i^{(H_0)}$ 态上的粒子，在 H' 加入后，将在新的能级体系 $\{\psi^{(H)}\}$ 中进行重新分布。如果忽略 H' 对能级的修正，粒子将有一定的概率从初态 $\psi_i^{(H_0)}$ 分布到其它量子态，这就是跃迁。以上我们分析了加入 H' 效应后量子体系在能级修正和粒子概率分布两个方面受到的影响，如图6.1所示。其中微扰 H' 对能级的修正已在之前的微扰论中进行了讨论，本章将忽略能级的修正，略去两条能级体系波函数的上标 (H_0)、(H)，着重关注粒子在能级上的重新分布，即跃迁效应。

6.1.1 跃迁计算公式

考虑粒子开始时处于 ψ_k 态，加入 H' 后，在 t 时刻的态记为 $\psi(t)$，$\psi(t)$ 满足 Schrödinger 方程

$$i\hbar \frac{\partial}{\partial t}\psi(t) = \left[H_0 + H'(t)\right]\psi(t) \tag{6.2}$$

如果略去 H' 对能级的修正，那么 $\psi(t)$ 可用微扰 H' 加入前的态进行展开，表示成线性叠加形式

$$\psi(t) = \sum_n C_{nk}(t) e^{-i\frac{E_n t}{\hbar}} \psi_n \tag{6.3}$$

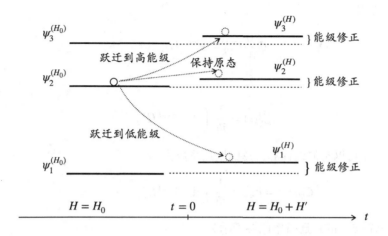

图 6.1　扰动 H' 引起的两种效应：量子跃迁和能级修正

叠加系数 $C_{nk}(t)$ 依赖于时间 t。利用统计解释，我们知道 C_{nk} 表示初态处在 ψ_k 态，末态跃迁到 ψ_n 态的概率幅，跃迁概率可以表示为

$$P_{nk} = |C_{nk}|^2$$

跃迁问题的核心即计算系数 C_{nk}。将展开表达式（6.3）代入方程（6.2）

$$\mathrm{i}\hbar \sum_{n'} \dot{C}_{n'k}(t)\mathrm{e}^{-\mathrm{i}E_{n'}t/\hbar}\psi_{n'} = \sum_{n} C_{nk}(t)\mathrm{e}^{-\mathrm{i}E_{n}t'/\hbar}H'\psi_{n}$$

为了得到从初态 ψ_k 跃迁到末态 $\psi_{k'}$ 态的跃迁系数 $C_{k'k}$，对上式左乘 $\psi_{k'}^*$ 并积分，利用正交性 $\int \mathrm{d}x\psi_{k'}^*\psi_k = \delta_{k'k}$，得

$$\mathrm{i}\hbar \frac{\mathrm{d}}{\mathrm{d}t}C_{k'k}(t) = \sum_{n} \mathrm{e}^{\mathrm{i}\omega_{k'k}t}H'_{k'n}C_{nk}(t) \tag{6.4}$$

式中：$\omega_{k'k} = (E_{k'} - E_k)/\hbar$，$H'_{k'n} = \langle k' \mid H' \mid n \rangle = \int \mathrm{d}x\psi_{k'}^*H'\psi_k$。在 H' 能被视为微扰的情况下，上面的方程能够逐级求解。引入 λ 来标记相互作用阶数，当 $\lambda = 1$ 时对应实际情况。此时，$H' \to \lambda H'$，跃迁系数 $C_{k'k}$ 按相互作用阶数展开为

$$C_{k'k} = C_{k'k}^{(0)} + \lambda C_{k'k}^{(1)} + \lambda^2 C_{k'k}^{(2)} + \cdots$$

代入方程（6.4），按 λ 幂次分类，可以得到各阶跃迁方程。

（1）λ^0 阶方程：

$$\frac{\mathrm{d}}{\mathrm{d}t}C_{k'k}^{(0)} = 0$$

考虑到初始条件，其解为 $C_{k'k}^{(0)} = \delta_{k'k}$。这个解表明忽略 H' 造成扰动效应时，体系仍保持在初始的定态 ψ_k。

(2) λ^1 阶方程:

$$i\hbar\frac{d}{dt}C^{(1)}_{k'k} = e^{i\omega_{k'k}t}H'_{k'k}$$

积分得

$$C^{(1)}_{k'k}(t) = \frac{1}{i\hbar}\int dt e^{i\omega_{k'k}t}H'_{k'k}$$

更高阶的修正可以类似地计算。总的跃迁系数为

$$C_{k'k}(t) = \delta_{k'k} + \frac{1}{i\hbar}\int dt e^{i\omega_{k'k}t}H'_{k'k} + \cdots$$

从初态 ψ_k 到末态 $\psi_{k'}$ 的跃迁概率能够表示为

$$P_{k'k}(t) = \frac{1}{\hbar^2}\left|\int dt e^{i\omega_{k'k}t}H'_{k'k}\right|^2 + \cdots$$

有时也会用到单位时间内的跃迁概率, 即跃迁速率, 其定义为

$$\omega_{k'k}(t) = \frac{d}{dt}P_{k'k}(t)$$

习题 6.1

请推导跃迁系数的二阶近似计算公式, 即 $C^{(2)}_{k'k}$ 的表达式。

上面的讨论没有考虑能级存在简并的情况。如果初态 $|k,i\rangle$ 的简并度为 $f_k(i=1,2,\cdots,f_k)$, 末态 $|k',j\rangle$ 的简并度为 $f_{k'}$ $(j=1,2,\cdots,f_{k'})$, 跃迁概率的计算需要对初末态进行统计考虑, 其规则是: 初态求平均, 末态求和。用公式表示考虑简并情况的跃迁概率 $\bar{P}(k\to k')$ 为

$$\bar{P}_{k\to k'} = \frac{1}{f_k}\sum_{j=1}^{f_{k'}}\sum_{i=1}^{f_k}P(k_i\to k'_j) = \frac{f_{k'}}{f_k}\sum_{i=1}^{f_k}P(k_i\to k'_j)$$

这是因为跃迁发生前特定的初态 $|k,i\rangle$ 为 f_k 重简并中的某一个, 每个 i 标记的简并态产生跃迁的概率相同, 因此需要对初态简并求平均; 而末态 $|k',j\rangle$ 为 $f_{k'}$ 重简并, 粒子跃迁到其中任意一个 j 标记的简并态的过程都对应了相同的概率, 末态简并度越高, 就存在越多的跃迁可能性, 因此需要对末态简并求和。以中心力场为例, 能级 E_{nl} 存在关于 L_z 量子数 m 的简并, 简并度 $f=2l+1$, 从能级 E_{nl} 到 $E_{n'l'}$ 的跃迁概率需要对初态简并的量子数 $m=-l,\cdots,l$ 求平均, 并对末态简并量子数 $m'=-l',\cdots,l'$ 求和

$$\bar{P}(nl\to n'l') = \frac{2l'+1}{2l+1}\sum_m P(nl\to n'l')$$

从跃迁系数的计算过程可知, $|k\rangle\to|k'\rangle$ 的跃迁概率与反向过程 $|k'\rangle\to|k\rangle$ 的跃迁概率相同, 但当考虑初末态的能级简并后, 它们将产生差异。这个方法将在本章光的自发辐射部分用到。

6.1.2 跃迁选择定则

跃迁系数 $C_{k'k}^{(1)}$ 正比于矩阵元 $H_{k'k}'$，如果 $H_{k'k}' = 0$，则称为跃迁禁戒。只有非零的 $H_{k'k}'$ 才能引起从 $|k\rangle$ 态到 $|k'\rangle$ 态的跃迁，能够使 $H_{k'k}' \neq 0$ 的量子数之间的关系称为跃迁选择定则。需要注意的是，如果跃迁禁戒只在一阶近似下存在，当考虑高阶近似时存在非零的跃迁概率，这时的跃迁禁戒是近似意义上的；如果末态的量子数受到体系对称性的限制，导致某些量子态不能够产生跃迁，这时的跃迁禁戒则是严格意义上的。

下面以受到电磁作用扰动的一维简谐振子为例，具体讨论跃迁问题。

设一维简谐振子带有电荷 q，在 $t = -\infty$ 时刻处于基态，之后受到电场扰动 $H' = -qE_0 x e^{-\frac{t^2}{\tau^2}}$。那么在 $t = +\infty$ 时刻粒子有多大概率跃迁到 $|n\rangle$ 态呢？

需要计算从简谐振子 $|0\rangle$ 态到 $|n\rangle$ 态的跃迁概率，即 $C_{n0}^{(1)}$。引起跃迁的扰动 H' 随着时间演化受到指数式压低 $e^{-\frac{t^2}{\tau^2}}$，其中参量 τ 表征压低效应的显著程度。H' 中的算符是位置 x，它决定了跃迁选择定则，即末态量子数的选取规则。利用前面的公式，从基态跃迁到 $|n\rangle$ 态的一阶跃迁系数为

$$C_{n0}^{(1)} = \frac{1}{i\hbar} \int_{-\infty}^{+\infty} dt\, e^{i\omega_{n0}t} H_{n0}'$$

由一维简谐振子能级公式 $E_n = (n + 1/2)\hbar\omega$ 可得

$$\omega_{n0} = n\hbar\omega$$

再根据位置算符的矩阵元公式

$$\langle n' \mid x \mid n \rangle = \frac{\hbar}{2m\omega} \left(\sqrt{n+1}\delta_{n',n+1} + \sqrt{n}\delta_{n',n-1} \right)$$

可得微扰 H' 的矩阵元

$$H_{n0}' = \langle n \mid H' \mid 0 \rangle = -qE_0 \left(\frac{\hbar}{2m\omega} \delta_{n1} \right) e^{-\frac{t^2}{\tau^2}}$$

将这些结果代入 $C_{n0}^{(1)}$ 计算公式，积分后得到

$$C_{n0}^{(1)} = iqE_0 \frac{\pi}{\sqrt{2m\hbar\omega}} \tau e^{-\frac{\omega^2\tau^2}{2}} \delta_{n1}$$

因此，跃迁概率为

$$P_{n0} = \frac{q^2 E_0^2}{2m\hbar\omega} \pi \tau^2 e^{-\frac{\omega^2\tau^2}{2}} \delta_{n1}$$

上面的例子中，跃迁选择定则为 $\Delta n = 1$，即跃迁到最邻近的能级。它由 H' 中的算符 x 引起。如果初态处在简谐振子第一激发态 $|1\rangle$，则可以产生 $|1\rangle \rightarrow |0\rangle$ 和 $|1\rangle \rightarrow |2\rangle$ 两种跃迁过程。这里对末态量子数 n 的要求，是在一阶跃迁近似下产生的，如果考虑高阶效应，则在理论上可以产生 $|0\rangle \rightarrow |1\rangle \rightarrow |2\rangle$。由于受到量子效应的压低，高阶跃迁在实验中不易被观测到。此外，本例中跃迁效应 H' 在任意时刻都存在，本质上这种情况需要求解含时 Schrödinger 方程，这个例子则是将其转化为跃迁问题进行处理。

6.1.3 典型的跃迁

本节将讨论三种常见的跃迁。

1. 突发微扰

体系在短时间内受到突发的微扰作用，$H'(t)$ 可以表示为

$$H'(t) = \begin{cases} H', & |t| \leqslant \epsilon/2 \\ 0, & |t| > \epsilon/2 \end{cases}$$

式中：ϵ 表示正的小量。在 $|t| \leqslant \epsilon/2$ 区间内对含时 Schrödinger 方程两边直接积分，得

$$\int_{-\epsilon/2}^{\epsilon/2} \mathrm{i}\hbar \frac{\partial}{\partial t} \psi \, \mathrm{d}t = \int_{-\epsilon/2}^{\epsilon/2} H\psi \, \mathrm{d}t$$

$$\mathrm{i}\hbar \left[\psi(\frac{\epsilon}{2}) - \psi(-\frac{\epsilon}{2}) \right] = \epsilon(H + H')\psi$$

在 $\epsilon \to 0$ 条件下，上式右侧趋于零，因此有

$$\psi(\frac{\epsilon}{2}) = \psi(-\frac{\epsilon}{2})$$

这表明 H' 出现前后体系的状态没有发生变化，即突发微扰不会对体系产生显著影响。这个结果并不要求 H' 在数值上是一个小量，只需要 H' 有限且 ϵ 是一个小量。这时 H' 对体系造成的影响并不显著，可以将其视为微扰。（对于 $H' \propto \delta(t)$ 的情况，上面的推导不成立。）

突发微扰可以方便地应用于核子的 β 衰变。当核子发生 β 衰变时，一个中子衰变为一个质子、一个电子和一个反中微子，原子序数 Z 升高到 $Z+1$。利用时间能量不确定关系，可知核子最低能态 1s 态的典型周期 τ_0 远大于衰变发生过程的弛豫时间 τ'。由于 $\tau_0 \gg \tau'$，β 衰变过程能被视为突发微扰，1s 态电子在衰变前后仍以极大的概率处在原能级上，具体的计算表明其保持在 1s 态的概率约为 0.9932。需要注意的是，衰变前电子处于原子序数为 Z 的核的 1s 态，而衰变后的 1s 态则对应原子序数为 $Z+1$ 的核，两者的能级差异在跃迁问题中已忽略。

2. 常微扰

如果 H' 不含时间，一阶跃迁系数为

$$C_{k'k}^{(1)} = \frac{1}{\mathrm{i}\hbar} H'_{k'k} \int_0^t \mathrm{d}t \mathrm{e}^{\mathrm{i}\omega_{k'k}t}$$

$$= -\mathrm{i} \frac{2H'_{k'k}}{\hbar\omega_{k'k}} \sin(\omega_{k'k}t/2) \mathrm{e}^{\mathrm{i}\omega_{k'k}t/2}$$

式中：$\omega_{k'k} = (E_{k'} - E_k)/\hbar$。跃迁概率为

$$P_{k'k}^{(1)} = \left(\frac{H'_{k'k}}{\hbar} \frac{\sin(\omega_{k'k}t/2)}{\omega_{k'k}/2} \right)^2$$

这种类型的跃迁概率随能级差 $E_{k'} - E_k$ 表现出振荡特性。跃迁能级差越大，振荡越快，振幅越小。

如果体系的能级为连续谱情况，需要考虑能级分布的统计效应。通常将单位能级间隔上的能级数记为能级密度 $\rho(E)$。考虑初态求平均、末态求和的统计原则，跃迁到 dE 范围的跃迁概率为

$$P_{k'k}^{(1)}dE = \left(\frac{H_{k'k}'}{\hbar}\frac{\sin(\omega_{k'k}t/2)}{\omega_{k'k}/2}\right)^2 \rho(E)dE$$

如果扰动引入的时间特别长 $t \to \infty$，利用 $\delta(x)$ 的性质

$$\delta(x) = \lim_{\alpha \to \infty}\frac{\sin^2(\alpha x)}{\pi \alpha x^2}$$

可以计算得到

$$\lim_{t \to \infty}P_{k'k}^{(1)}(t)dE = 2\pi\hbar t\delta(E_{k'} - E_k)\left(\frac{H_{k'k}'}{\hbar}\right)^2 \rho(E)dE$$

这里 $\delta(E_{k'} - E_k)$ 表明电子将跃迁到与初态 $|k\rangle$ 能级非常接近的 $|k'\rangle$ 态。进一步可以计算总跃迁速率

$$\Omega_{k'k} = \frac{2\pi}{\hbar} \mid H_{k'k}' \mid^2 \rho(E)$$

其结果正比于能级密度 $\rho(E)$（称为 Fermi 黄金规则）。

3. 周期性微扰

如果 H' 是周期性扰动，可以一般性地表示为

$$H' = 2\hat{F}\cos(\omega t) = \hat{F}\left(e^{i\omega t} + e^{-i\omega t}\right)$$

式中：$\hat{F}$ 为不显含时间的 Hermitian 算符。

由一阶跃迁系数计算公式可得

$$\begin{aligned}C_{k'k}^{(1)} &= \frac{1}{i\hbar}\int dt e^{i\omega_{k'k}t}\left(e^{i\omega t} + e^{-i\omega t}\right)F_{k'k}\\&= \frac{F_{k'k}}{\hbar}\left(\frac{1 - e^{i(\omega_{k'k}+\omega)t}}{\omega_{k'k} + \omega} + \frac{1 - e^{i(\omega_{k'k}-\omega)t}}{\omega_{k'k} - \omega}\right)\end{aligned}$$

上式存在明显的极点，即当频率与跃迁能级差满足 $\omega = \pm\omega_{k'k}$，即 $\omega = \frac{1}{\hbar}|E_{k'} - E_k|$ 时发生共振，这个条件称为共振条件。在共振频率附近时，可以仅考虑共振项，略去贡献较小的非共振项。

在共振条件下，跃迁概率为

$$P_{k'k}(t) \simeq \frac{F_{k'k}^2}{\hbar^2}\frac{\sin^2(\omega_{k'k} \pm \omega)t/2}{\left\{(\omega_{k'k} \pm \omega)/2\right\}^2}$$

对于连续谱的情形, 考虑能级密度 $\rho(E)$, $t \to \infty$, 得到共振跃迁概率为

$$\lim_{t \to \infty} P_{k'k}(t)\mathrm{d}E \simeq \frac{2\pi t}{\hbar} \mid F_{k'k} \mid^2 \delta(E(k') - E(k) \mp \hbar\omega)\rho(E)\mathrm{d}E$$

上式表明跃迁概率在共振条件下取得极值, 此时体系吸收或释放出的能量等于能级差。

周期性跃迁的一个例子是核磁共振现象。利用 z 方向的磁场 B_0 与电子 z 方向自旋耦合, 使能级分裂为两能级体系, 哈密顿量表示为

$$H_0 = \frac{1}{2}\hbar\omega_0\sigma_z$$

两个能级之差为 $\hbar\omega_0$。再对体系施加 xOy 平面上的周期性磁场

$$H' = \frac{1}{2}\hbar\omega_1\sigma_x \cos(\omega t)$$

在 H' 作用下, 电子从 $|+\rangle$ 跃迁到 $|-\rangle$ 态的跃迁概率为

$$P_{k'k}(t) \simeq \frac{\omega_1^2}{16} \frac{\sin^2(\omega_0 - \omega)t/2}{[(\omega_0 - \omega)/2]^2} \tag{6.5}$$

当 xOy 平面上的外加磁场频率达到共振条件 $\omega = \omega_0$ 时, 跃迁概率取得极值, 最大限度地使自旋跃迁到 $|-\rangle$ 态。

习题 6.2

推导公式 (6.5)。

习题 6.3

根据本节内容, 分析不满足共振条件 $\Delta E = \hbar\omega$ 时, 能否在理论上产生跃迁。在实验上呢？

6.2 光的吸收与辐射

在受到外界光的激励下, 电子可以吸收光或者向外辐射光, 这两种现象分别称为受激吸收和受激辐射。此外, 激发态的电子在没有外界光的影响下, 也存在自发辐射现象。这类现象由于存在光子的产生和湮灭, 使体系中的粒子数发生改变, 破坏了量子力学概率守恒的要求。另一方面, 量子力学中的波函数在受到势场作用下, 描述了体系中粒子状态的改变, 但并不能够描述新粒子产生或者消失的过程。因此, 光的吸收与辐射现象并不能够直接采用量子力学的理论框架描述。

尽管严格意义上处理光与物质的作用需要用到量子电动力学, 但这并不妨碍采取一定的简化处理。在量子力学中, 可以把光子视为经典的电磁波, 将光与物质的相互作用等效为电子处在经典电磁场中, 受到电磁势的作用, 这就避免了处理光子的产生和湮灭现象。通过这种半经典近似的方法, 能够将光的受激吸收与受激辐射纳入量子力学的理论中, 这就是本节将要讨论的半经典近似理论。

6.2.1 受激吸收与受激辐射

为简单起见，假设辐射光为单色平面波，用电磁场描述为

$$
\begin{cases}
\boldsymbol{E} = \boldsymbol{E}_0 \cos(\omega t - \boldsymbol{k} \cdot \boldsymbol{r}) \\
\boldsymbol{B} = \frac{1}{|\boldsymbol{k}|} \boldsymbol{k} \times \boldsymbol{E}
\end{cases}
$$

式中：$\boldsymbol{k}$ 为波矢；ω 为角频率。电磁场中的电子受到电场的库仑力和磁场的洛伦兹力的双重作用。在非相对论情况下，洛伦兹力正比于电子速度 $\boldsymbol{v}$，其贡献远小于电场力

$$
\frac{|\frac{e}{c}\boldsymbol{v} \times \boldsymbol{B}|}{|e\boldsymbol{E}|} \sim \frac{|\boldsymbol{v}|}{c} \ll 1
$$

因此，可以略去磁场作用，仅考虑电场的效应。

另一方面，电子运动的范围内可以近似用原子的尺度来衡量，其范围远小于可见光波长的尺度，因此，在电子运动范围内电场的空间变化可以忽略，视为均匀场。电场强度可进一步简化为

$$
\boldsymbol{E} = \boldsymbol{E}_0 \cos(\omega t)
$$

电子受到电场的作用，H' 可以表示为

$$
H' = -e\phi = -\boldsymbol{D} \cdot \boldsymbol{E}_0 \cos(\omega t)
$$

式中：$\phi = -\boldsymbol{E} \cdot \boldsymbol{r}$ 为电势；$\boldsymbol{D} = e\boldsymbol{r}$ 为电偶极矩。这是典型的周期性微扰。一阶跃迁系数为

$$
C_{k'k}^{(1)}(t) = -\frac{F_{k'k}}{\hbar} \left\{ \frac{\mathrm{e}^{\mathrm{i}(\omega_{k'k}+\omega)t} - 1}{\omega_{k'k} + \omega} + \frac{\mathrm{e}^{\mathrm{i}(\omega_{k'k}-\omega)t} - 1}{\omega_{k'k} - \omega} \right\}
$$

式中：算符 $F \equiv -\frac{1}{2}\boldsymbol{D} \cdot \boldsymbol{E}_0$。当电磁场频率满足 $\omega = \pm\omega_{k'k}$ 时，电子能够在能级 E_k 和 $E_{k'}$ 之间产生显著的跃迁，两个极点分别对应光子的吸收与受激辐射。

下面以光子的受激吸收为例，着重讨论 $E_{k'} > E_k$ 时的情况。跃迁概率为

$$
P_{k'k} = \frac{F_{k'k}^2}{\hbar^2} \frac{\sin^2[(\omega_{k'k} - \omega)t/2]}{[(\omega_{k'k} - \omega)/2]^2}
$$

对于受辐射时间特别长的情况，$t \to \infty$，跃迁概率能够表示为

$$
P_{k'k} = \frac{\pi t F_{k'k}^2}{\hbar^2} \delta(2(\omega_{k'k} - \omega))
$$

跃迁速率能够表示为

$$
\begin{aligned}
\Omega_{k'k} &= \frac{2\pi F_{k'k}^2}{\hbar^2} \delta(\omega_{k'k} - \omega) \\
&= \frac{\pi}{2\hbar^2} |\boldsymbol{D}|^2 \boldsymbol{E}_0^2 \cos^2(\theta)\delta(\omega_{k'k} - \omega)
\end{aligned}
$$

式中：θ 为 $\boldsymbol{D}$ 与 $\boldsymbol{E}_0$ 的夹角。

跃迁速率随夹角 θ 而改变, 考虑到在实验中并不测量 θ, 因此在理论中需要对 θ 角在全空间求统计平均。利用

$$
\begin{aligned}
\langle \cos^2 \theta \rangle &= \frac{1}{4\pi} \int d\Omega \cos^2 \theta \\
&= \frac{1}{4\pi} \int_0^{2\pi} d\phi \int_0^\pi \sin \theta \cos^2 \theta d\theta \\
&= \frac{1}{3}
\end{aligned}
$$

对 θ 角统计平均后的跃迁速率为

$$
\begin{aligned}
\Omega_{k'k} &= \frac{\pi}{6\hbar^2} \mid \boldsymbol{D} \mid^2 \boldsymbol{E}_0^2 \delta(\omega_{k'k} - \omega) \\
&= \frac{\pi e^2}{6\hbar^2} \mid \boldsymbol{r}_{k'k} \mid^2 \boldsymbol{E}_0^2 \delta(\omega_{k'k} - \omega)
\end{aligned}
$$

将上式中的 $\boldsymbol{E}_0^2$ 因子用电磁场能量密度 $\rho(\omega)$ 的表达式

$$
\begin{aligned}
\rho(\omega) &= \frac{1}{8\pi} \langle E^2 + B^2 \rangle \\
&= \frac{1}{4\pi} \langle E^2 \rangle \\
&= \frac{E_0^2(\omega)}{4\pi T} \int_0^T dt \cos^2(\omega t) \\
&= \frac{E_0^2(\omega)}{8\pi}
\end{aligned}
$$

代替后，最终得到

$$
\Omega_{k'k} = \frac{4\pi^2 e^2}{3\hbar^2} \mid \boldsymbol{r}_{k'k} \mid^2 \delta(\omega_{k'k} - \omega) \rho(\omega_{k'k})
$$

上式中的因子 $\delta(\omega_{k'k} - \omega)$ 代表产生吸收共振的条件, 即当光量子的能量满足 $\hbar\omega = E_{k'} - E_k$ 时, E_k 能级上的电子能够吸收光子能量, 跃迁到较高的能级 $E_{k'}$。因子 $\rho(\omega_{k'k})$ 是达到共振条件时, 电磁波的能量密度, 其密度越大, 单位时间内能够激发越多的电子产生跃迁。位置算符 $\boldsymbol{r}$ 的矩阵元则决定了跃迁的量子数规则, 只有非零的矩阵元对应的初末态能够发生跃迁, 此即跃迁选择定则。具体分析如下。

中心力场中原子的本征波函数能够因子化为径向波函数 $R(r)$ 与球谐函数 Y_{lm} 的乘积。在球坐标中

$$
\begin{aligned}
x &= r \sin \theta \cos \phi = \frac{r}{2} \sin \theta (e^{i\phi} + e^{-i\phi}) \\
y &= r \sin \theta \sin \phi = \frac{r}{2i} \sin \theta (e^{i\phi} - e^{-i\phi}) \\
z &= r \cos \theta
\end{aligned}
$$

因此, 可以将 $\boldsymbol{r}$ 用三个独立量 $\sin \theta e^{\pm i\phi}$ 和 $r \cos \theta$ 来表示。根据球谐函数的性质

$$
\begin{aligned}
\cos \theta Y_{lm} &= \sqrt{\frac{(l+1)^2 - m^2}{(2l+1)(2l+3)}} Y_{l+1,m} + \sqrt{\frac{l^2 - m^2}{(2l+1)(2l-1)}} Y_{l-1,m} \\
\sin \theta e^{\pm i\phi} Y_{lm} &= \xi(l,m) Y_{l+1,m+1} + \chi(l,m) Y_{l-1,m\pm 1}
\end{aligned}
$$

第一个性质表明 $\cos\theta$ 作用在球谐函数 Y_{lm} 时，将与角量子数为 $l\pm 1$ 的态相联系；第二个性质表明 $\sin\theta \mathrm{e}^{\pm i\phi}$ 作用在 Y_{lm} 时，将与满足 $l\pm 1$ 且 $m\pm 1$ 的态相联系。电磁场微扰 H' 中的矢量算符 r，可用三个独立量 $\sin\theta\mathrm{e}^{+i\phi}$、$\sin\theta\mathrm{e}^{-i\phi}$ 和 $r\cos\theta$ 来表示，它作用在波函数上将产生末态量子数满足

$$l' = l \pm 1, \qquad m' = m,\ m \pm 1$$

的跃迁，这正是辐射选择定则的来源。

习题 6.4

结合本节中辐射选择定则的产生机制和对跃迁系数的理解，分析能否在理论上产生不满足 $\Delta l = 1, \Delta m = 0, 1$ 的跃迁。

6.2.2 光的自发辐射

将激励光等效为经典的电磁波，能够用半经典近似方法处理受激辐射和受激吸收。不同于受激辐射和受激吸收，在没有外界光激励时，高能态的电子能够自发向较低的能态跃迁，释放出光子，这种现象称为自发辐射。由于自发辐射中不存在电磁波影响，不能够按照同样的方式处理。早在量子力学建立的十年前，Einstein 就利用统计平衡的思路，建立了三种辐射之间的关系。

在激励光的作用下，从高能级向下跃迁到低能级的受激辐射、自发辐射效应与从低能级到高能级的受激吸收效应达到动态平衡，因此，三者的跃迁速率满足关系

$$\Omega^{\mathrm{ob}}_{k'k} = \Omega^{\mathrm{ind}}_{kk'} + \Omega^{\mathrm{sp}}_{kk'} \tag{6.6}$$

式中：上标 ob、ind、sp 分别标记受激吸收、受激辐射和自发辐射。上节已经得到

$$\Omega^{\mathrm{ob}}_{k'k} = \frac{4\pi^2 e^2}{3\hbar^2} \mid r_{k'k} \mid^2 \delta(\omega_{k'k} - \omega)\rho(\omega_{k'k})$$

通过定义吸收系数 $B_{k'k} = \frac{4\pi^2 e^2}{3\hbar^2} \mid r_{k'k} \mid^2$，上式可以简单表示为

$$\Omega^{\mathrm{ob}}_{k'k} = B_{k'k}\rho(\omega_{k'k})$$

同样，受激辐射表示为

$$\Omega^{\mathrm{ind}}_{kk'} = B_{kk'}\rho(\omega_{kk'})$$

式中：系数 $B_{kk'}$ 与上面吸收系数中的 $B_{k'k}$ 相同。代入式（6.6），得 $\Omega^{\mathrm{sp}}_{kk'} = 0$，即不存在自发辐射现象，这与实验观测不符。

仔细检查上面的推导，我们发现漏掉了粒子数随能级的分布效应。设电子在不同能级的粒子数分布记为 n_k，式（6.6）经过修正后的正确形式为

$$n_k B_{k'k}\rho(\omega_{k'k}) = n_{k'}\left\{ B_{kk'}\rho(\omega_{kk'}) + A_{kk'} \right\} \tag{6.7}$$

式中: $A_{kk'}$ 是自发辐射系数, 定义为 $\Omega_{k'k}^{\mathrm{sp}} = A_{k'k}n_{k'}$。

假设粒子数随能级的分布规律满足 Boltzmann 分布 $n_k \propto \mathrm{e}^{-\frac{E_k}{kT}}$, 则将

$$\frac{n_k}{n_{k'}} = \mathrm{e}^{\frac{E_{k'}-E_k}{kT}} = \mathrm{e}^{\frac{\hbar\omega_{k'k}}{kT}}$$

代入式 (6.6), 可得能量密度分布

$$\rho(\omega_{k'k}) = \frac{A_{kk'}}{B_{kk'}} \frac{1}{\mathrm{e}^{\frac{\hbar\omega_{k'k}}{kT}} - 1}$$

这正是黑体辐射的能量分布规律。

在高温时 $T \to \infty$

$$\rho(\omega_{k'k}) = \frac{A_{kk'}}{B_{kk'}} \frac{kT}{\hbar\omega_{k'k}} \propto T$$

这个结果与 Rayleigh-Jeans (瑞利-金斯) 公式相同。利用当时已知的 Rayleigh-Jeans 公式

$$\rho(\omega) = \frac{\omega^2}{\pi^2 c^2} kT$$

可以进一步得到自发辐射系数

$$A_{kk'} = \frac{\hbar\omega_{k'k}^2}{\pi^2 c^2} B_{kk'} = \frac{4e^2\omega_{k'k}^2}{3\hbar c^3} \mid r_{kk'} \mid^2$$

上式表明自发辐射与受激辐射、受激吸收具有完全相同的选择定则。Einstein 对自发辐射的巧妙处理很好地符合了实验。

7

弹性散射

    散射实验在揭示物质微观结构和相互作用规律的过程中扮演着关键性作用。利用量子力学的基本原理分析计算弹性散射过程的波函数，展示了散射波函数的结构，成功描述了散射实验的观测结果。

7.1 散射的描述

散射是指粒子束流受到靶的作用后物理状态发生改变的过程。当用一束粒子流轰击靶时，粒子受到靶的作用改变原有的运动状态和物理性质，向空间中各方向分散传播出去。探测散射后的粒子状态，能够获得关于物质结构和相互作用规律方面的物理信息。自 20 世纪之初 α 粒子散射实验开启了探索原子结构的大门以来，散射在认识物质核物理、粒子相互作用性质等方面一直扮演了重要角色，成为了近现代物理中的重要实验手段，建立起了今天我们对物质世界结构和相互作用性质的最基本物理认知。

在量子力学中靶对粒子束流的作用用势场 V 来描述。散射过程可以分为三个阶段，如图7.1 所示:
（1）入射前的自由传播;
（2）在势场中的相互作用过程;
（3）离开势场区域的出射过程。

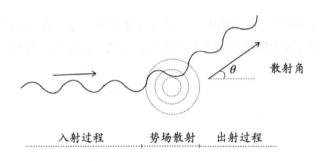

图 7.1 散射过程

根据出射粒子状态的改变情况，散射通常可以分为两大类: 弹性散射和非弹性散射。前者指出射粒子的能量与入射时相同，此时，散射势场仅仅引起入射粒子方向的改变; 后者指粒子能量也发生改变的过程。在粒子物理实验中，由于入射粒子能量能够达到 GeV 甚至更高的 TeV 量级，常常会引起粒子类型的改变。这种将粒子"撞碎"的非弹性过程，在物理上需要考虑各种更复杂的相互作用过程，通常称为深度非弹性散射 (deep inelastic scattering)。本章仅讨论最基本的弹性散射问题。

最著名的弹性散射实验是 Rutherford 的 α 粒子散射实验，它打开了探索原子内部基本结构的大门。这个实验具有弹性散射的一般性特征。为了探索原子内部正负电荷的分布结构，1909 年 Rutherford 用钋元素天然放射产生的 α 粒子轰击金箔，在不同方向收集散射后的 α 粒子数目。实验发现: 大部分 α 粒子沿着直线传播，好像并未受到金箔的作用; 少量粒子发生了小角度的偏折; 极少量的粒子甚至沿入射方向原路返回。

这个实验中，入射粒子是钋放射产生的 α 粒子。在轰击金箔之前，α 粒子处于自由传播的状态。α 粒子与金箔碰撞打靶是发生相互作用的过程。在量子力学中，相互作用的性质用金箔产生的势场来描述，α 粒子与靶碰撞即进入势场范围内。这个过程中 α 粒子的运动满足

Schrödinger 方程。α 粒子脱离金箔产生的势场范围后，自由传播到探测器，这是出射过程。这个实验的观测量是 α 粒子在空间各个散射角度上的分布情况。仅仅记录粒子数目的空间分布，不探测粒子能量等物理信息，这是典型的弹性散射实验。散射过程发生在入射粒子与靶之间，由两者之间的势场完全决定。因此，对散射数据的分析将揭示势场的信息。

在实验中，常用微分散射截面来描述散射结果。假设垂直于入射方向单位面积的入射粒子流强度为 j_0（在高能物理实验中，j_0 称为流明），在空间立体角 Ω 处收集到粒子的数目为 $\mathrm{d}n$，则 $\mathrm{d}n$ 正比于 j_0，也正比于空间立体角大小 $\mathrm{d}\Omega$，即

$$\mathrm{d}n = \sigma j_0 \mathrm{d}\Omega$$

式中：σ 是比例系数。σ 随空间立体角变化 $\sigma = \sigma(\theta, \phi)$，它刻画散射粒子的空间角分布，同时又具有面积的量纲，称为微分散射截面 (differential scattering cross section)。在实验上，常常将散射实验数据用微分散射截面表示。对微分散射截面进行全空间积分，可得总散射截面

$$\sigma_{\text{total}} = \int \sigma \mathrm{d}\Omega$$

在理论上，需要计算散射势场中的 Schrödinger 方程，并将结果表示成微分散射截面 σ，方便实验检验。

7.1.1 Lippmann-Schwinger 方程

这一节将讨论散射过程中波函数的结构。

假设散射势场 V 不随时间变化，用 Dirac 记号表示的 Schrödinger 方程为

$$(H_0 + V) \, | \, \psi \rangle = E \, | \, \psi \rangle$$

式中：$H_0 = p^2/2m$ 是自由粒子哈密顿量。在进入散射区域之前，粒子处于自由粒子态，记为 $| \, \psi_0 \rangle$，即

$$H_0 \, | \, \psi_0 \rangle = E_0 \, | \, \psi_0 \rangle$$

这个态也可以用动量本征态 $| \, p \rangle$ 表示。

随着入射粒子进入势场区域，散射发生了。在势场 V 的作用下自由入射状态 $| \, \psi_0 \rangle$ 变成了散射态 $| \, \psi \rangle$，$| \, \psi \rangle$ 满足势场 V 中的 Schrödinger 方程

$$(H_0 + V) \, | \, \psi \rangle = E \, | \, \psi \rangle$$

散射态 $| \, \psi \rangle$ 与自由入射态 $| \, \psi_0 \rangle$ 之间的差别完全由势场 V 造成。当 $V \to 0$ 时，散射态趋向于自由粒子态

$$| \, \psi \rangle \to | \, \psi_0 \rangle$$

为了清晰展示散射势场引起的效应，将势场 V 从 Schrödinger 方程中分离出来

$$(E - H_0) \, | \, \psi \rangle = V \, | \, \psi \rangle$$

两边乘以算符 $(E - H_0)$ 的逆算符，得

$$|\psi\rangle = \frac{1}{E - H_0} V |\psi\rangle$$

这里采用分数形式表示的 $\frac{1}{E-H_0}$ 算符，更严格地可以表示为 $(E - H_0)^{-1}$，通常它与 V 算符不对易，不能交换位置。然而，等式右边存在奇点：在 $V = 0$ 时，H_0 的本征值为 E，分母为零。通常可在分母中添加 $\pm i\epsilon$ 项移除定义上的不确定性，这时方程表示为

$$|\psi\rangle = |\psi_0\rangle + \frac{1}{E - H_0 \pm i\epsilon} V |\psi\rangle$$

式中：右式第一项是 $V = 0$ 区域的自由粒子解。$\pm i\epsilon$ 的物理含义我们稍后讨论。上面的方程本质上是 Schrödinger 方程的变形，是分离出势场 V 的效应后散射态满足的方程，称为 Lippmann-Schwinger（李普曼-施温格）方程。

为了进一步得到散射波函数，选取坐标表象，Lippmann-Schwinger 方程表示为

$$\begin{aligned}\langle \boldsymbol{x} | \psi\rangle &= \langle \boldsymbol{x} | \psi_0\rangle + \langle \boldsymbol{x} | \frac{1}{E - H_0 \pm i\epsilon} V |\psi\rangle \\ &= \langle \boldsymbol{x} | \psi_0\rangle + \int \mathrm{d}^3 \boldsymbol{x}' \mathrm{d}^3 \boldsymbol{x}'' \langle \boldsymbol{x} | \frac{1}{E - H_0 \pm i\epsilon} | \boldsymbol{x}'\rangle\langle \boldsymbol{x}' | V | \boldsymbol{x}''\rangle\langle \boldsymbol{x}'' | \psi\rangle\end{aligned}$$

在第二步中势场 V 是仅依赖于单个空间点 $\boldsymbol{x}$ 的定域形式，即 $\langle \boldsymbol{x} | V | \boldsymbol{x}'\rangle = V(\boldsymbol{x})\delta(\boldsymbol{x} - \boldsymbol{x}')$。上式用波函数表示出来为

$$\psi(\boldsymbol{x}) = \psi_0(\boldsymbol{x}) + \int \mathrm{d}^3 \boldsymbol{x}' \langle \boldsymbol{x} | \frac{1}{E - H_0 \pm i\epsilon} | \boldsymbol{x}'\rangle V(\boldsymbol{x}')\psi(\boldsymbol{x}') \tag{7.1}$$

式中：右边第一项 $\psi_0(\boldsymbol{x})$ 为不受势场影响的自由入射波函数。如果选取单色平面波作为入射波，设定入射粒子方向为 z 方向，则 $\psi_0(\boldsymbol{x}) = Ae^{\frac{i}{\hbar}pz}$，其中 A 为归一化系数。右式第二项表示散射解受势场 $V(\boldsymbol{x})$ 影响的效应。需要注意的是，方程 (7.1) 是积分方程，待求解的散射波函数 $\psi(\boldsymbol{x})$ 既出现在等式左边，也出现在等式右边第二项的积分中。

为了更清晰地表达势场 $V(\boldsymbol{x})$ 的物理效应，定义 Green 函数

$$\frac{\hbar^2}{2m}\langle \boldsymbol{x} | \frac{1}{E - H_0 \pm i\epsilon} | \boldsymbol{x}'\rangle \equiv G(\boldsymbol{x}, \boldsymbol{x}')$$

$G(\boldsymbol{x}, \boldsymbol{x}')$ 表示波从 $\boldsymbol{x}'$ 自由传播到 $\boldsymbol{x}$ 处的振幅。用 Green 函数表示的 Lippmann-Schwinger 方程为

$$\langle \boldsymbol{x} | \psi^{(\pm)}\rangle = \langle \boldsymbol{x} | \psi_0\rangle + \int \mathrm{d}^3 \boldsymbol{x}' G(\boldsymbol{x}, \boldsymbol{x}')\frac{2m}{\hbar^2} V(\boldsymbol{x}')\langle \boldsymbol{x}' | \psi\rangle$$

下面我们将进一步分析 Green 函数的性质。

7.1.2 Green 函数

本节将逐条列出 Green 函数的性质，并加以简要说明。

(1) Green 函数 $G(\boldsymbol{x}, \boldsymbol{x}')$ 是 $(\nabla^2 + k^2)$ 的逆算符。

利用 Green 函数定义，在 $\frac{1}{E-H_0\pm i\epsilon}$ 两边分别插入动量完备性关系

$$(\nabla^2 + k^2)G(x, x') = (\nabla^2 + k^2)\frac{\hbar^2}{2m}\langle x \mid \frac{1}{E - H_0 \pm i\epsilon} \mid x'\rangle$$

$$= \int \mathrm{d}p'\mathrm{d}p'' \frac{\hbar^2}{2m}(\nabla^2 + k^2)\langle x \mid\mid p'\rangle\langle p' \mid \frac{1}{E - H_0 \pm i\epsilon} \mid p''\rangle\langle p'' \mid\mid x'\rangle$$

$$= \int \mathrm{d}p'\mathrm{d}p'' \frac{\hbar^2}{2m}(\nabla^2 + k^2)\frac{1}{(2\pi\hbar)^{3/2}}\mathrm{e}^{\mathrm{i}p'\cdot x/\hbar}\langle p' \mid \frac{1}{E - H_0 \pm i\epsilon} \mid p''\rangle\frac{1}{(2\pi\hbar)^{3/2}}\mathrm{e}^{-\mathrm{i}p''\cdot x'/\hbar}$$

$$= \frac{1}{(2\pi\hbar)^3}\int \mathrm{d}p'\mathrm{d}p'' \frac{\hbar^2}{2m}(\nabla^2 + k^2)\mathrm{e}^{\mathrm{i}p'\cdot x/\hbar}\frac{1}{E - p'^2/(2m) \pm i\epsilon}\delta(p' - p'')\mathrm{e}^{-\mathrm{i}p''\cdot x'/\hbar}$$

$$= \frac{1}{(2\pi\hbar)^{3/2}}\int \mathrm{d}p' \frac{\hbar^2}{2m}\left(\frac{-p'^2}{\hbar^2} + \frac{p^2}{\hbar^2}\right)\mathrm{e}^{\mathrm{i}p'\cdot(x-x')/\hbar}\frac{1}{(p^2 - p'^2)/(2m) \pm i\epsilon}$$

$$= \frac{1}{(2\pi\hbar)^{3/2}}\int \mathrm{d}p'\mathrm{e}^{\mathrm{i}p'\cdot(x-x')/\hbar}$$

$$= \delta(x - x')$$

注意此处算符 $\nabla \equiv \nabla_x$，仅作用于坐标 x。

（2）Green 函数的具体表达式为 $G(x, x') = -\frac{1}{4\pi}\frac{\mathrm{e}^{\pm ik|x-x'|}}{|x-x'|}$。

证明： 为了便于计算 Green 函数中的算符 H_0，在 Green 函数表达式中插入动量完备性关系（动量本征态同时为 H_0 的本征态）

$$\frac{\hbar^2}{2m}\langle x \mid \frac{1}{E - H_0 \pm i\epsilon} \mid x'\rangle$$

$$= \int \mathrm{d}^3p\mathrm{d}^3p' \frac{\hbar^2}{2m}\langle x \mid p\rangle\langle p \mid \frac{1}{E - p'^2/(2m) \pm i\epsilon} \mid p'\rangle\langle p' \mid x'\rangle$$

$$= \int \mathrm{d}^3p' \frac{\hbar^2}{2m}\frac{1}{(2\pi\hbar)^3}\frac{\mathrm{e}^{\mathrm{i}p\cdot(x-x')/\hbar}}{E - p'^2/(2m) \pm i\epsilon}$$

$$= -\frac{1}{4\pi}\frac{\mathrm{e}^{\pm ik|x-x'|}}{|x - x'|}$$

上式也表明了 $\pm i\epsilon$ 项的物理含义：$+i\epsilon$ 代表了沿球坐标径向向外传播的散射波，$-i\epsilon$ 代表了指向球心向内传播的散射波。

利用 Green 函数的这些性质，可以分析散射解在无穷远观测点处的结构。通常散射势场仅在一个较小的范围内起作用，入射粒子离开散射势场后被探测器捕获，相对于较小的势场范围，探测器与散射区域间的距离可以认为满足 $x \gg x'$，式中：x' 坐标表示 Lippmann-Schwinger 方程的势场积分区域。在此极限条件下

$$|x - x'| = \sqrt{x^2 - x'^2 - 2x\cdot x'} \to r\left(1 - \frac{x\cdot x'}{x^2}\right)$$

此外，对于弹性散射，波矢大小不变

$$|k| = |k'| = k$$

因此，在观测区域，Lippmann-Schwinger 方程具有如下形式

$$\langle x \mid \psi^{(+)}\rangle \simeq \langle x \mid k\rangle - \frac{1}{4\pi}\frac{2m}{\hbar^2}\frac{\mathrm{e}^{ikr}}{r}\int \mathrm{d}^3x\mathrm{e}^{-\mathrm{i}k'x'}V(x')\langle x \mid \psi^{(+)}\rangle$$

用波函数表示为

$$\psi(\boldsymbol{x}) = A\mathrm{e}^{\mathrm{i}kz} + \frac{\mathrm{e}^{\mathrm{i}kr}}{r}f(k', k) \tag{7.2}$$

式中: $f(k', k)$ 为散射振幅, 定义为

$$\begin{aligned}
f(k', k) &= -\frac{1}{4\pi}\frac{2m}{\hbar^2}\int \mathrm{d}^3\boldsymbol{x}\mathrm{e}^{-\mathrm{i}\boldsymbol{k}'\boldsymbol{x}'}V(\boldsymbol{x}')\langle \boldsymbol{x} \mid \psi^{(+)}\rangle \\
&= -\frac{1}{4\pi}(2\pi)^3\frac{2m}{\hbar^2}\langle \boldsymbol{k}' \mid V \mid \psi^{(+)}\rangle
\end{aligned}$$

公式 (7.2) 表明散射解在入射和出射区具有典型的结构特征: 入射波为平面波, 远离势场区域的出射波为球面波 $\frac{\mathrm{e}^{\mathrm{i}kr}}{r}$。不同出射方向球面波的振幅由系数 $f(k', k)$ 参数化。对于弹性散射而言, 散射振幅仅依赖于波矢 k 与 k' 之间的夹角, 即散射角 θ。此时的散射振幅记为 $f(\theta)$。

从 Lippmann-Schwinger 方程中计算得到散射振幅 $f(k', k)$ 之后, 就能计算实验上的散射截面。散射振幅与微分散射截面两者之间具有简洁的关系

$$\sigma = \left|f(\theta)\right|^2$$

下面给出证明过程。

证明: 对于入射平面波 $\psi_{\mathrm{in}} \sim \mathrm{e}^{\mathrm{i}kz}$, 入射概率流为

$$j_{\mathrm{in}} = \frac{\mathrm{i}\hbar}{2m}(\psi_{\mathrm{in}}\frac{\mathrm{d}\psi_{\mathrm{in}}^*}{\mathrm{d}z} - \psi_{\mathrm{in}}^*\frac{\mathrm{d}\psi_{\mathrm{in}}}{\mathrm{d}z}) = \frac{\hbar k}{m}$$

对于出射球面波 $\psi_s \sim f(\theta)\frac{\mathrm{e}^{\mathrm{i}kr}}{r}$, 它在远离势场的观测区域沿径向运动, 在球坐标 (r, θ, ϕ) 方向的概率流为

$$j_s = \frac{\mathrm{i}\hbar}{2m}(\psi_s\frac{\mathrm{d}\psi_s^*}{\mathrm{d}r} - \psi_s^*\frac{\mathrm{d}\psi_s}{\mathrm{d}r}) = \frac{\mathrm{i}\hbar}{2m}(-2\mathrm{i}k)\frac{|f(\theta)|^2}{r^2}$$

空间立体角 (θ, ϕ) 处的面元为 $r^2\mathrm{d}\Omega$, 因此, 通过该面元的粒子数目为

$$\mathrm{d}n = j_{\mathrm{in}}\sigma\mathrm{d}\Omega = j_s r^2\mathrm{d}\Omega$$

即

$$\sigma = |f(\theta)|^2$$

至此, 散射问题关心的微分散射截面的计算归结为求解散射波函数的问题, 通过散射波函数获取散射振幅 $f(\theta)$ 这一关键量。

7.2 Born 近似

根据 Lippmann-Schwinger 方程, 方程左边的散射波函数也出现在方程右边的积分表达式中, 这使得方程的求解变得复杂。回顾散射的发生过程: 入射粒子进入势场, 受势场作用, 改变状态。如果势场对入射粒子的影响较弱, 那么散射粒子相对入射时的状态改变必定较小。对

于弹性散射而言，势场对散射粒子的影响仅仅是改变传播方向。因此，可以将散射波函数按照相互作用的阶数进行展开：

$$\psi = \psi^{(0)} + \lambda^1 \psi^{(1)} + \lambda^2 \psi^{(2)} + \cdots \tag{7.3}$$

上面的参数 λ 类似于微扰论中引入的相互作用参量，用于指示相互作用发生的阶数，即假设势场为 λV，在实际问题中取 $\lambda = 1$。

将散射波函数展开表达式 (7.3) 代入 Lippmann-Schwinger 方程，可以逐阶计算散射解。λ^0 阶方程对应未发生散射的自由入射波传播。非平庸的 λ^1 阶方程为

$$\psi^{(1)} = -\frac{1}{4\pi}\frac{2m}{\hbar^2}\frac{e^{ikr}}{r}\int d^3\boldsymbol{x}\, e^{-i\boldsymbol{k}'\boldsymbol{x}'}V(\boldsymbol{x}')\psi_0$$

取零阶波函数 $\psi_0 = e^{ikz}$，代入上式，可得散射振幅为

$$f^{(1)}(\theta) = -\frac{1}{2}\frac{2m}{\hbar^2}\frac{i}{iq}\int_0^{+\infty} dr\, r V(r)(e^{iqr} - e^{-iqr}) \tag{7.4}$$

$$= -\frac{2m}{\hbar^2}\frac{1}{q}\int_0^{+\infty} r V(r)\sin(qr)dr \tag{7.5}$$

上面的计算中用到了转移动量 (transfer momentum) 的概念。如图7.2 所示，转移动量 q 定义为 $q \equiv |\boldsymbol{k}' - \boldsymbol{k}|$。根据几何关系，可知 $q = 2k\sin\frac{\theta}{2}$。

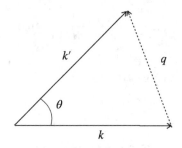

图 7.2 转移动量

式 (7.5) 即著名的 Born 近似，它是 Lippmann-Schwinger 方程的一阶解。更高阶的 Born 近似可以通过 Lippmann-Schwinger 方程多次迭代得到。下面来讨论高阶 Born 近似的物理含义。定义 $\hat{T}$ 算符，它是受势场作用的散射解 $\hat{V}\,|\psi\rangle$ 与入射解 $|\psi_0\rangle$ 之间的一个幺正变换

$$\hat{T}\,|\psi_0\rangle = \hat{V}\,|\psi\rangle$$

用 Dirac 记号表示 Lippmann-Schwinger 方程，两端从左边作用势场算符 $\hat{V}$ 得

$$\hat{V}\,|\psi\rangle = \hat{V}\,|\psi_0\rangle + \hat{V}\frac{1}{E - H_0 \pm i\epsilon}\hat{V}\,|\psi\rangle$$

采用 $\hat{T}$ 算符表示后，上式成为

$$\hat{T}\,|\psi_0\rangle = \hat{V}\,|\psi_0\rangle + \hat{V}\frac{1}{E - H_0 \pm i\epsilon}\hat{T}\,|\psi_0\rangle$$

上式对任意的初态 $|\psi_0\rangle$ 均成立，因此，$\hat{T}$ 与 $\hat{V}$ 满足如下关系式

$$\hat{T} = \hat{V} + \hat{V}\frac{1}{E - H_0 \pm i\epsilon}\hat{T} \tag{7.6}$$

用展开表达式可以将上面的解表示为

$$\hat{T} = \hat{V} + \hat{V}\frac{1}{E - H_0 \pm i\epsilon}\hat{V} + \hat{V}\frac{1}{E - H_0 \pm i\epsilon}\hat{V}\frac{1}{E - H_0 \pm i\epsilon}\hat{V} + \cdots \tag{7.7}$$

从这个表达式，可以清楚地看到散射过程按相互作用的阶数进行展开的形式。势场 $\hat{V}$ 作用于物理的态上，表示物理态受到势场的作用，算符 $\frac{1}{E-H_0\pm i\epsilon}$ 表示自由传播的 Green 函数。因此，式 (7.7) 表示受到势场一次作用后的态 $V|\psi\rangle$。第二项（如图7.3 ）解释为: 物理的态 $|\psi\rangle$ 先受到势场一次作用 $\hat{V}|\psi\rangle$），然后自由传播到势场内的另一个点 $\frac{1}{E-H_0\pm i\epsilon}\hat{V}|\psi\rangle$），并再次受到势场的作用 $\hat{V}\frac{1}{E-H_0\pm i\epsilon}\hat{V}|\psi\rangle$。

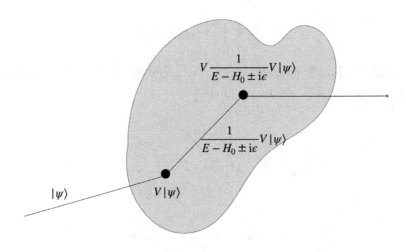

图 7.3 高阶 Born 近似

回想在 α 粒子散射实验中，靶材料利用了金的良好延展性制作成金箔，有效降低了靶的厚度，使得 α 粒子在靶的势场内发生的散射主要表现为只发生一次散射的情况，这为简化理论计算带来了极大地方便。

习题 7.1

证明式 (7.6) 中 $\hat{T}$ 算符的解满足 Lippmann-Schwinger 方程。

习题 7.2

请从 $\hat{T}$ 算符的展开表达式解释第三阶展开项对应的物理过程。

7.3 分波法

在上一节的 Born 近似中，用入射波近似地代换了 Lippmann-Schwinger 方程中被积散射波，这个方法适用于转移动量 q 不大的高能弹性散射过程。对于能量较低的散射，则需要用本节的分波法。

在球对称势场中 $V = V(r)$，角动量平方 $\boldsymbol{L}^2$、角动量 z 分量 L_z 均为守恒量，即

$$[H, \boldsymbol{L}^2] = 0, \quad [H, L_z] = 0$$

如果采用最大完备集 $\{H, \boldsymbol{L}^2, L_z\}$ 对应的量子数 E、l、m 来标记散射态，则这些量子数在散射前后均保持不变，是好量子数。不失一般性，假设入射态为单色平面波 $|\boldsymbol{k}\rangle$，利用球对称势场中的守恒量，可以将入射波分解为 $|E, l, m\rangle$ 的线性叠加

$$|\boldsymbol{k}\rangle = \sum C_{Elm} |E, l, m\rangle$$

按照统计解释，叠加系数 C_{Elm} 表示 $|\boldsymbol{k}\rangle$ 中"包含" $|E, l, m\rangle$ 态的概率幅。每一组确定量子数的态 $|E, l, m\rangle$ 经过散射势场后，保持量子数 E、l、m 不变，仍然处在 $|E, l, m\rangle$ 态。将散射态按照前面分解入射波时的"比例"重新装配起来，就得到了最终观测到的散射态。这种将散射态分解为一组守恒量子数进行计算的方法，称为分波法。既然散射过程中量子数 E、l、m 都保持不变，叠加系数 C_{Elm} 在散射前后也保持不变。那么量子态经过势场后究竟发生了什么改变呢？这是理解散射问题的关键，带着这个疑问，我们来讨论分波法的计算。

根据分波法的思路，需要在数学上将入射平面波 $\mathrm{e}^{\mathrm{i}k_z z}$ 和出射的球面波 $\frac{1}{r}\mathrm{e}^{\mathrm{i}kr}$ 用 $|E, l, m\rangle$ 态展开。

7.3.1 入射波平面波的展开

要将入射平面波分解为 $|E, l, m\rangle$ 态的叠加，就需要计算内积 $\langle \boldsymbol{k} | E, l, m\rangle$。这个内积满足关系式

$$\langle \boldsymbol{k} | E, l, m\rangle = \frac{\hbar}{\sqrt{mk}}\delta\left(\frac{\hbar^2 k^2}{2m} - E\right) \mathrm{Y}_l^m(\hat{\boldsymbol{k}})$$

下面给出证明过程。

证明： 由于

$$L_z | k_z\rangle = (xp_y - yp_x) | k_z\rangle = 0$$

可得

$$0 = \langle E', l', m' | L_z | k_z\rangle = m'\hbar\langle E', l', m' | k_z\rangle$$

即仅当 $m' = 0$ 时，内积 $\langle E', l', m' | k_z\rangle$ 能够获得非零的值。

对于任意方向的波矢 $\boldsymbol{k}$，展开表达式 $\langle E, l, m | \boldsymbol{k}\rangle$ 可由 Eular 转动得到

$$|\boldsymbol{k}\rangle = \boldsymbol{D}(\alpha, \beta, \gamma = 0) | k_z\rangle$$

式中：α、β、γ 为三个 Euler 角；$\boldsymbol{D}(\alpha, \beta, \gamma)$ 为三维 Eular 转动的矩阵表示。

因此，

$$\langle E, l, m \mid \boldsymbol{k} \rangle$$
$$= \sum_{l'} \int \mathrm{d}E' \langle E, l, m \mid \boldsymbol{D}(\alpha, \beta, \gamma = 0) \mid E', l', m' = 0 \rangle \langle E', l', m' = 0 \mid k_z \rangle$$
$$= \sum_{l'} \int \mathrm{d}E' \boldsymbol{D}_{m0}^{(l')}(\alpha, \beta, \gamma = 0) \delta(E' - E) \delta_{ll'} \langle E', l', m' = 0 \mid k_z \rangle$$
$$= \boldsymbol{D}_{m0}^{(l)}(\alpha, \beta, \gamma = 0) \langle E, l, m = 0 \mid k_z \rangle$$

上式最后一步中的因子 $\langle E, l, m = 0 \mid k_z \rangle$ 与波矢 $\boldsymbol{k}$ 的方向无关，记为 $g_{lE}(k)$。

利用

$$0 = \langle k \mid (H_0 - E) \mid E, l, m \rangle = (\frac{\hbar^2 k^2}{2m} - E) \langle k \mid E, l, m \rangle$$

可知 $g_{lE}(k)$ 具有形式

$$g_{lE}(k) = N \delta(\frac{\hbar^2 k^2}{2m} - E)$$

式中：系数 N 能够由归一化条件 $\langle E', l', m' \mid E, l, m \rangle = \delta_{l'l} \delta_{m'm} \delta(E' - E)$ 确定

$$\langle E', l', m' \mid E, l, m \rangle$$
$$= \int \mathrm{d}^3 k \langle E', l', m' \mid k \rangle \langle k \mid E, l, m \rangle$$
$$= \int k^2 \mathrm{d}k \int \mathrm{d}\Omega N^2 \delta(\frac{\hbar^2 k^2}{2m} - E') \delta(\frac{\hbar^2 k^2}{2m} - E) \mathrm{Y}_{l'}^{m'}(k) \mathrm{Y}_l^m(\hat{k})$$
$$= \int k^2 \mathrm{d}E \frac{\mathrm{d}k}{\mathrm{d}E} N^2 \delta(\frac{\hbar^2 k^2}{2m} - E') \delta(\frac{\hbar^2 k^2}{2m} - E) \int \mathrm{d}\Omega \mathrm{Y}_{l'}^{m'}(k) \mathrm{Y}_l^m(\hat{k})$$
$$= N^2 \frac{mk}{\hbar^2} \delta(E - E') \delta_{m'm} \delta_{l'l}$$

我们设定归一化因子 $N = \hbar / \sqrt{mk}$。

至此，得到了波矢为 $\boldsymbol{k}$ 的任意方向平面波与 $\mid E, l, m \rangle$ 的内积

$$\langle k \mid E, l, m \rangle = \frac{\hbar}{\sqrt{mk}} \delta(\frac{\hbar^2 k^2}{2m} - E) \mathrm{Y}_l^m(\hat{k})$$

在远离散射势场的区域，取 $r \to \infty$，在坐标表象下可以进一步将出射平面波展开成

$$\mathrm{e}^{ikz} \to \sum_l (2l+1) \mathrm{P}_l(\cos\theta) \left(\frac{\mathrm{e}^{ikr} - \mathrm{e}^{-\mathrm{i}(kr - l\pi)}}{2\mathrm{i}kr} \right)$$

上面的计算利用了公式 $\mathrm{Y}_l^0(\hat{k}) = \sqrt{\frac{2l+1}{4\pi}} \mathrm{P}_l(\cos\theta)$。

7.3.2　出射波球面波的展开

利用数学物理中的结论，球面波 $\mid E, l, m \rangle$ 能够表示为两类球 Bessel（贝塞尔）函数 j_l 和 n_l 的叠加。考虑到 n_l 在 $r = 0$ 处存在发散行为，在坐标表象下的出射球面波 $\frac{1}{r} \mathrm{e}^{ikr}$ 可以表示为

$$\langle x \mid E, l, m \rangle = \frac{\mathrm{i}^l}{\hbar} \sqrt{\frac{2mk}{\pi}} \mathrm{j}_l(kr) \mathrm{Y}_l^m(\hat{r})$$

在远离散射势场的区域取 $r \to \infty$，球面波可以展开为

$$f(\theta)\frac{\mathrm{e}^{\mathrm{i}kr}}{r} \to \sum_l (2l+1)f_l(k)\mathrm{P}_l(\cos\theta)\frac{\mathrm{e}^{\mathrm{i}kr}}{r}$$

利用上面的数学公式，可以讨论散射波函数的分解。在球对称势场，弹性散射的散射振幅仅依赖于 θ 角，将其按角动量量子数展开，得

$$f(k',k) = f(\theta) = \sum_{l=0}^{+\infty}(2l+1)f_l(k)\mathrm{P}_l(\cos\theta)$$

因此，散射解能够展开为

$$\langle x \mid \psi^{(+)} \rangle$$
$$\to \quad \frac{1}{(2\pi)^{3/2}}\left(\mathrm{e}^{\mathrm{i}kz} + f(\theta)\frac{\mathrm{e}^{\mathrm{i}kr}}{r}\right)$$
$$= \frac{1}{(2\pi)^{3/2}}\left\{\sum_l(2l+1)\mathrm{P}_l(\cos\theta)\left(\frac{\mathrm{e}^{\mathrm{i}kr}-\mathrm{e}^{-\mathrm{i}(kr-l\pi)}}{2\mathrm{i}kr}\right) + \sum_l(2l+1)f_l(k)\mathrm{P}_l(\cos\theta)\frac{\mathrm{e}^{\mathrm{i}kr}}{r}\right\}$$
$$= \frac{1}{(2\pi)^{3/2}}\sum_l(2l+1)\frac{\mathrm{P}_l}{2\mathrm{i}k}\left\{[1+2\mathrm{i}kf_l(k)]\frac{\mathrm{e}^{\mathrm{i}kr}}{r} - \frac{\mathrm{e}^{-\mathrm{i}(kr-l\pi)}}{r}\right\}$$

上式最后一行中 $\frac{\mathrm{e}^{-\mathrm{i}(kr-l\pi)}}{r}$ 表示朝着散射中心向内传播的波，$\frac{\mathrm{e}^{\mathrm{i}kr}}{r}$ 则表示向外传播的波。根据概率守恒，对于任意量子数 l 的分波，向内传播的概率与向外传播的概率必须相同。因此，统计解释要求

$$\left|1 + 2\mathrm{i}kf_l(k)\right| = 1$$

这个结论能够帮助追踪前面遗留的问题，即弹性散射发生前后，态 $\mid E, l, m\rangle$ 保持不变，发生的改变完全体现在 $f_l(k)$ 中。

定义

$$S_l(k) = 1 + 2\mathrm{i}kf_l(k)$$

概率守恒要求 $\mid S_l(k)\mid^2 = 1$，即 S_l 为幺正算符。不失一般性，引入相因子 δ_l 表示 S_l

$$S_l = \mathrm{e}^{2\mathrm{i}\delta_l}$$

这意味着进入势场前后，入射波和出射波之间仅仅发生了相位的移动。因此，δ_l 被称为相移 (phase shift)。分波 l 对应的散射振幅用相移因子能够表示为

$$f_l = \frac{S_l - 1}{2\mathrm{i}k} = \frac{1}{k\cot\delta_l - \mathrm{i}k}$$

散射振幅则可以写出各分波相移的求和

$$f(\theta) = \frac{1}{k}\sum_l(2l+1)\mathrm{e}^{\mathrm{i}\delta_l}\sin\delta_l\mathrm{P}_l(\cos\theta) \tag{7.8}$$

总散射振幅为

$$\sigma_{\text{total}} = \int d\Omega \mid f(\theta) \mid^2 = \frac{4\pi}{k^2} \sum_l (2l+1) \sin^2 \delta_l$$

观测上面的结果可以发现，式 (7.8) 中取 $\theta = 0$ 时的虚部，有

$$\text{Im}[f(\theta = 0)] = \sum_l \frac{2l+1}{k} \sin^2 \delta_l = \frac{k}{4\pi} \sigma_{\text{total}}$$

这即著名的光学定理（optical theorem）。

　　分波相移 f_l 是分波法计算的关键。分波法按角动量量子数对入射波展开，适用于较低能量的散射过程。较详细的研究表明 $l > ka$ 的分波可以忽略，这里 a 为势场范围。这使得分波法具有较好的应用范围，同时也大大简化了数学计算。

参考文献

[1] 格里菲斯. 量子力学概论 [M]. 贾瑜，译. 北京: 机械工业出版社, 2010.

[2] 周世勋. 量子力学教程 [M]. 2 版. 北京: 高等教育出版社, 2009.

[3] 钱伯初. 量子力学 [M]. 北京: 高等教育出版社, 2006.

[4] WEINBERG S. Lectures on Quantum Mechanics[M]. Cambridge, Eng: Cambridge University Press, 2015.

[5] SUKURAI J J. Modern quantum mechanics[M]. 2nd ed. 北京: 世界图书出版公司, 2020.

[6] RAMOND P. Croup Theory A Physicist's Survey[M]. 北京: 世界图书出版公司, 2014.

[7] 格里菲斯. 粒子物理导论 [M]. 王青，译. 北京: 机械工业出版社, 2017.

[8] 喀兴林. 高等量子力学 [M]. 北京: 高等教育出版社, 2001.

[9] 吴崇试. 数学物理方法 [M]. 北京: 高等教育出版社, 2015.